Ramesh Kumar Sharma

Humanismo Integral no contexto dos Ciclos Naturais Regenerativos

ScienciaScripts

Imprint

Cover image: www.ingimage.com

This book is a translation from the original published under ISBN 978-620-2-31159-5.

Publisher:
Sciencia Scripts
is a trademark of
Dodo Books Indian Ocean Ltd. and OmniScriptum S.R.L publishing group

120 High Road, East Finchley, London, N2 9ED, United Kingdom
Str. Armeneasca 28/1, office 1, Chisinau MD-2012, Republic of Moldova, Europe
Managing Directors: Ieva Konstantinova, Victoria Ursu
info@omniscriptum.com

Printed at: see last page
ISBN: 978-620-8-38712-9

DEDICAÇÃO

Este trabalho de investigação é dedicado a -

Pandit Deen Dayal Upadhyay, defensor do princípio do humanismo integral

Deen Dayal Upadhyay (25th setembro, 1916: Distrito de Mathura, Uttar Pradesh - 11th fevereiro, 1968: Mugalsarai, Uttar Pradesh)

e

Gajendra Singh Solanki, jornalista e editor do semanário *"Ekatma"* (Kota, Rajasthan), que me fez compreender o humanismo integral

e

O falecido Bhanu Pratap Shukla, jornalista, que me fez compreender o aspeto ecológico do humanismo integral

e

O meu falecido avô Pandit Damodar Sharma, o meu falecido pai Rama Raman Sharma e os professores Late Sadashiva Pathak, Late Ram Narayan Sharma, Late Dr Satya Narain Mathur

Palavras-chave: Florestação, Humanismo Integral, Ciclos Naturais Regenerativos, Padrões Universais de Consumo

Conteúdo

Capítulo 1	**3**
Capítulo 2	**16**
Capítulo 3	**31**
Capítulo 4	**42**

Capítulo 1

Integridade humana na biosfera, exigência da sociedade, proposta na década de 1960

1.1. Introdução

1.2. Conservação da biodiversidade em textos indianos antigos

1.3. Relevância do papel humano na conservação da biodiversidade

1.4. Integridade humana na biosfera proposta na década de 1960

1.5. Discussão: Integridade humana na biosfera, exigência da sociedade

1.6. Conclusão

1.1. Introdução

Agradecer por antecipação, a parte vital de um pedido, não parece estar limitado a um ser humano apenas nos tempos antigos da Índia. Nos antigos textos indianos, há vários exemplos que sublinham *o sampujana* ou pedido oral com agradecimento antecipado de um homem ou de uma mulher por plantas ou animais ou por toda a biosfera. A silvicultura, a criação de gado e a agricultura parecem ser as principais profissões da Índia antiga que, naturalmente, têm profundas preocupações com a biodiversidade. Os textos indianos antigos também destacam episódios de partida de príncipes ou princesas - como Rama, Sita e Laxmana no Ramayana - para longos exílios nas florestas em nome de grandes causas sociais ou religiosas, incluindo a conservação da biodiversidade. No contexto do exílio de 14 anos do príncipe Ram, de Ayodhya, com a sua mulher Sita e o seu irmão Laxman, vale a pena mencionar como a sua mãe Kausalya pede ou reza aos animais e plantas da floresta para protegerem os seus filhos. Valmiki, o autor do épico Ramayana, escreve

स्थण्डिलानि च विप्राणां शैला वृक्षा क्षुपा ह्रदाः
पतंगा पन्नगाः सिंहास्त्वां रक्षन्तु नरोत्तम।

Kausalya diz ao seu filho Ram: "Que os locais de culto dos eremitas, as montanhas, as árvores, as pequenas plantas, os lagos, os pássaros, as serpentes e os leões te protejam" (Valmiki (a), Ramayana, Gita Press, 6th edition, 1987).

Filho! Todas as terríveis espécies selvagens, particularmente interessadas em comer carne humana, que me agradecem antecipadamente aqui (no palácio de Ayodhya), não te podem fazer mal (na floresta) (Valmiki (b), Ramayana. 6th edition, 1987).

नृमांसभोजना रौद्रा ये चान्ये सर्वजातयः
मा च त्वां हिंसिषु पुत्र मया सम्पूजितास्तिवह।

A integridade humana em relação à biosfera na *era de Treta* (o período de vida de Rama diz respeito ao período denominado era *de Treta*) é muito bem conhecida. Há vários episódios no Ramayana que evidenciam a relação mútua entre o ser humano e várias espécies de criaturas. Vale a pena mencionar dois exemplos de excelente integridade ecológica no épico Ramayana: (1) o falcão chamado Jatayu sacrifica a sua vida pela emancipação da esposa de Rama, Sita, que foi raptada por um demónio, Ravana, que luta contra o raptor; (2) um exército de macacos (nomes principais: Hanumana, Angada e Sugriva) e ursos (nome principal: Jambavant), sob a liderança de Rama e Laxmana, luta contra os demónios e emancipa Sita.

Vários textos indianos: Manusmriti, Vedas, Ramayana, Mahabharata, Arthshastra, etc. fazem-nos perceber que *o dharma* (religião) desempenha um papel diversificado na preservação da integridade do ambiente natural (Bhattacharya, 2014). A Índia antiga era a região ecológica ideal para o desenvolvimento da civilização no mundo antigo; é altura de lançar um novo olhar ecológico sobre os Vedas (o texto indiano mais antigo) (Frawley D, 2003). A sociedade humana da Índia antiga dependia da floresta para a sua sobrevivência e prosperidade e, por isso, tinha de a proteger (Prime R, 2002). No Arthashastra (que significa eco-economia), escrito por Kautilya, também conhecido por Chanakya, é referido que é dever do rei conservar o ambiente, a ecologia e os recursos naturais, atribuindo tarefas a diferentes funcionários do Estado (Kangle, 1986). Na década de 1960, o Pundit Deen Dayal Upadhyay (1916 - 1968) apresentou a teoria do Humanismo Integral na Índia para fazer com que as pessoas se sentissem parte integrante da biosfera, em vez de redes mecânicas ou robóticas (Walker 2011). Por outras palavras, os seres humanos - sendo parte integrante da biosfera - devem consumir o mesmo tipo (qualidade) de alimentos, água e ar que todas as criaturas consomem (Sharma e Parisi, 2017)

No entanto, existe um grande desfasamento entre os tempos de Chanakya (século 4th a.C.) e Deen Dayal (século 20th d.C.). Neste período de 2400 anos, os padrões sociais e culturais da Índia sofreram uma alteração que levou ao afastamento da sociedade humana da biosfera, com uma ideologia egocêntrica de desenvolvimento. A desintegração ecológica, na Índia, foi talvez iniciada por invasores estrangeiros. [th]Mais tarde, porém, a desintegração ecológica foi aceite de bom grado pela sociedade indiana, particularmente em meados do século XX, quando o desenvolvimento horizontal de colónias habitacionais foi planeado em nome do progresso técnico. Esta atividade conduziu a uma vasta desflorestação na Índia. Nas palavras do Prof. Vir Singh, deixando para trás a *aranya sanskruti* ou cultura florestal, nós, indianos, estamos agora numa corrida ao desenvolvimento que depende da exploração dos recursos naturais, levando à desintegração ecológica, agravada pela alteração da constituição química da nossa atmosfera, hidrosfera e litosfera. Escreve: "Se analisarmos os nossos estilos de vida, podemos concluir que o nosso sistema ético, que é utilizado para nos ajudar a estar num estado de integridade ecológica, está à beira do colapso. Este é um problema global que anda de mãos dadas com o desenvolvimento socioeconómico orientado para o crescimento e esgotador de recursos (Singh, 2017)."

Neste artigo, procura-se destacar citações relativas à conservação da biodiversidade escritas em textos indianos antigos, que até à data estão na memória das pessoas; e sublinhar como o papel humano na conservação da biodiversidade é relevante nos tempos modernos. Neste contexto, o humanismo integral ou a expetativa de integridade humana em relação à biosfera, como princípio, proposto na década de 1960 por Pandit Deen Dayal Upadhyay, é apresentado e discutido, e a sua utilidade para o bem-estar da sociedade. Vale a pena mencionar que, paralelamente ao movimento anti-inseticida liderado pelo Dr. Rachal Carson na década de 1960 no Ocidente, o princípio do humanismo integral foi proposto por Pandit Deen Dayal Upadhyay na Índia (Sharma e Parisi, 2017).

1.2. Conservação da biodiversidade em textos indianos antigos

Pandit Deen Dayal Upadhyay apresentou o princípio do humanismo integral na década de 1960 no contexto da manutenção da pureza da atmosfera, dos recursos hídricos e dos alimentos e rações como dever dos seres humanos. Os grandes *Rushis* (eremitas ou santos) têm vindo a cumprir este dever desde há séculos, com a máxima integridade para com a biosfera. Costumava dizer que a caraterística fundamental da *Bharatiya sanskruti* (cultura indiana) é o facto de encarar a vida como um todo integrado (Singh A).

Muitas citações de textos indianos antigos, não como meros preceitos mas como exemplos de estilo de vida, podem ser citadas em apoio dos pontos de vista de Deen Dayal. Por exemplo, um episódio de estilo de vida pode ser citado no Srimadbhagwata.

(a) No 10th *Skandha* (secção), 22nd *Adhyaya* (capítulo) do Srimadbhagawata (o tratado escrito por Ved Vyas, 3000 a.C.) Krushna, elogiando as árvores em Vrundavan, diz aos seus amigos

पश्यतैतान् महाभागान् परार्थैकान्तजीवितान्
वातवर्षातपहिमान् सहन्तो वारयन्ति नः।
अहो एषां वरं जन्म सर्वप्राण्युपजीवनम्
सुजनस्येव येषां वै विमुखा यान्ति नार्थिनः।
पत्र पुष्पफलच्छायामूलवल्कल दारुभिः
गन्धनिर्यासभस्मास्थितोक्मैः कामान् वितन्वते।
एतावज्जन्म साफल्यं देहिनामिह देहिषु
प्राणैरर्थैर्धिया वाचा श्रेय एवाचरेत् सदा।

Vejam estas árvores gentis, que dedicam a sua vida ao bem-estar dos outros e toleram o vento, a chuva, o calor e a neve, mas que nos protegem. O seu nascimento é útil, porque a sua vida é a sub-vida (o sustento) de todas as criaturas. Tal como os cavalheiros, nunca evitam (cumprem sempre) os pedidos dos solicitadores. Satisfazem os desejos das pessoas fornecendo-lhes as suas folhas, flores, frutos, sombra, raízes, casca, madeira, substâncias aromatizantes, gomas, cinzas, carvão e botões. O sucesso da vida das criaturas (particularmente dos seres humanos) reside na dedicação ao bem-estar dos outros através do dinheiro, do pensamento, da voz e do último suspiro (sacrifício da vida, se necessário) (Ved Vyas (a), 1998). Esta afirmação de Krushna transmite a mensagem de que os seres humanos devem ter a mesma vontade de não prejudicar as árvores e de se preocuparem com a sua segurança e conservação.

(b) O 18th *Adhyaya* (Capítulo) do 10th *Skandha* (Secção) do Srimadbhagawata descreve o ambiente ideal para o pastoreio do gado. Que tipo de terra *de* pastagem *Vrundavaua*, onde Krushna com seu irmão Balarama e amigos costumavam pastar vacas, é; o poeta Ved Vyas escreve -

स च वृन्दावनगुणैर्वसन्त इव लक्षितः
यत्रास्ते भगवान साक्षाद् रामेण सह केशवः।
यत्र निर्झर निह्राद निवृत्त स्वन झिल्लिकम्
शश्वत्तच्छीकरर्जीषद्रुममण्डलमंडितम्
सरित्सरः प्रस्रवणोर्मिवायुना, कह्लारकंजोत्पलरेणुहारिणा
न विद्यते यत्र वनौकसां दवो, निदाघवह्नयर्कभवो ऽतिशाद्वले।
अगाधतोयह्रदिनीतटोर्मिभिः, द्रवत्पुरीष्याः पुलिनैः समन्ततः
न यत्र चण्डांशुकरा विषोल्बणा, भुवो रसं शाद्वलितं च गृह्णते।
वनं कुसुमितं श्रीमन्नदच्चित्रमृगद्विजम्
गायन्मयूरभ्रमरं कूजत्कोकिलसारसम्।
क्रीडिष्यमाणस्तत् कृष्णो भगवान् बलसंयुतः
वेणुं विरणयन् गौपैर्गोधनै संवृतोऽविशत्।

(É o Vrundavana (famosa terra de pastagem que é considerada como *Vana* ou floresta devido à densa vegetação e extrema biodiversidade), onde a estação aparece como a primavera (mesmo no verão), onde o Senhor Krushna está presente com o seu irmão Balrama, onde o som das nascentes prevalece de tal forma que o grito (som) dos grilos não é audível, onde as gotas de água se espalham das nascentes, onde todas as árvores estão à volta, onde o ar flui tocando as ondas do rio (rio Yamuna), as lagoas e as nascentes são perfumadas por flores como *kalhar, utpal*, etc., tipos de lótus, onde os silvicultores (pessoas que vivem na floresta) não sentem muito calor devido aos raios solares intensos, onde o rio transporta água abundante e as grandes ondas que se formam costumam beijar e limpar as suas margens, onde o sol intenso é incapaz de secar a terra húmida e a relva verde, onde os ramos das árvores estão carregados de belas flores, onde os pássaros multicoloridos gorjeiam, os veados correm, os pavões e as abelhas cantam, os cucos cantam e as abelhas pretas cantam. Numa floresta tão encantadora, Krusna e Balrama passeiam, brincam e recreiam-se com os seus amigos criadores de gado e com as vacas). (Ved Vyas (b), 1998) Esta descrição da terra de pastagem de Vrundavana leva à mensagem para os seres humanos de que as florestas e as pastagens devem ser bem mantidas, porque essas são as verdadeiras fontes de ocupações como a silvicultura e a criação de gado, bem como de passeios, brincadeiras e recreação para todas as criaturas. Pandit Deen Dayal Upadhyay estudou os textos antigos e observou o papel dos humanos na conservação da biodiversidade como parte da coexistência mútua dos objectos vivos.

1.3. Relevância do papel humano na conservação da biodiversidade

As profissões da silvicultura e da pecuária preocupam-se com a biodiversidade. Na base destas profissões, existe o conceito de conservação da vida selvagem e de animais e vegetações de cobertura. Na Índia antiga, o papel humano na conservação da biodiversidade era tão dominante que não só os homens comuns, mas também os reis costumavam manter florestas e pastagens. De acordo com Ved Vyas, Krushna costumava ir para as pastagens de Vrundavan com o irmão Balrama para pastar o gado quando era uma criança de cinco anos.

ततश्च पौगण्डवयः श्रितौ व्रजे बभूवतुस्तौ पशुपालसम्मतौ
गाश्चारयन्तौ सखिभिः समं पदैः वृन्दावनं पुण्यमतीव चक्रतुः।

(Então, no 6th ano da sua idade, Balrama e Krushna foram autorizados (pelos pais) a aprender e praticar a criação de gado e eles, pastando as vacas com os seus amigos, tornaram Vrundavan sagrado colocando os seus pés). (Ved Vyas (c), 1998).

Os antigos poetas indianos sublinharam o excelente papel humano na conservação da biodiversidade, expressando como os príncipes no exílio viviam nas florestas. Nos seus épicos, deram às secções em causa o nome de *Aranya ou Vana*, que significa floresta. Os exemplos são: o *Aranya Kand* no Ramayana escrito por Valmiki e o Ramcharit Manas de Tulsidas, bem como o *Vana Parva* no Mahabharata de Ved Vyas. Valmiki escreve em 11th *sarga* (sub-secção ou capítulo) de *Aranya Kanda* (secção), como Sutikshna (um sábio) descreve o *Ashrama* (o lugar sagrado, grande área florestal, mantido por esforços humanos, particularmente por sábios) do sábio Agastya e do seu irmão (o casal de eremitas Lopamudra-Agastya é considerado um dos grandes casais de eremitas conservadores da floresta, como Arundhati-Vasishthe, Anasuya-Atri, Renuka-Jamadagni, etc.) e sugere a Rama que o visite.

स्थली प्रायवनोद्देशे पिप्पलीवनशोभते
बहुपुष्प फलेरम्ये नानाविहगनादिते।
पद्मिन्यो विविधास्तत्र प्रसन्नसलिलाशयाः
हंसकारण्डवाकीर्णाः चक्रवाकोपशोभिताः।

(Por favor, vá até lá, onde, na maior parte dos terrenos de floresta plana, existe uma excelente floresta de pimentas longas embelezada com uma multiplicidade de flores e frutos e gorjeios de pássaros, lagos de água alegre (limpa) nos quais existem muitos tipos de flores de lótus, cisnes, patos e gansos vermelhos que aumentam o esplendor (Valmiki (c) , 1987).

Deen Dayal Upadhyay era um grande estudioso dos textos indianos antigos e estava bem ciente do facto de que a florestação é um processo natural, mas a manutenção de florestas densas exige esforços humanos. Na década de 1960, a Índia estava na via da desflorestação em prol da expansão horizontal das habitações e da agricultura extensiva com recurso a pesticidas e fertilizantes sintéticos. Ambas as actividades humanas, atualmente em todo o mundo, puseram em risco a biosfera do planeta Terra. Upadhyay teve conhecimento disso nos anos 60 e tentou sublinhar a importância do papel humano na conservação da biodiversidade.

1.4. Integridade do Homem na Biosfera, proposta na década de 1960

Os postulados do Humanismo Integral, propostos na década de 1960 por Pandit Deen Dayal Upadhyay, são os seguintes (Bharat Niti, 2016)-

(i) Os seres humanos são parte integrante da biosfera e não de uma rede robótica ou mecânica.

(ii) A era técnica é a mais bem-vinda, desde que as inovações e os avanços não invadam a biosfera nutrida pela natureza e mantida pelos *rushis* (eremitas) com o grande sentido de bem-estar.

(iii) A biosfera - incluindo os seres humanos - existe devido à cooperação e não devido à luta (contrariamente ao princípio da sobrevivência do mais apto de Darwin).

(iv) Evitar actividades contra a biosfera, por exemplo, a utilização de insecticidas, e aderir a uma abordagem técnica que vise a integridade humana em relação à biosfera exigem padrões de consumo universais. o de padrões de consumo universais.

parte da biosfera deve consumir o mesmo tipo (qualidade) de alimentos, água e ar que todas as criaturas consomem.

Deen Dayal Upadhyay, juntamente com o pensador e líder político Balraj Madhok, seu contemporâneo, é conhecido por ter levantado a questão de saber por que razão são aplicados insecticidas sintéticos nas explorações agrícolas indianas, quando a agricultura dos Estados Unidos se prepara para os eliminar o mais possível. Vale a pena mencionar que, em 1963, o Presidente John F. Kennedy ordenou que se investigassem as alegações de Madame Rachel Carson sobre as acções anti-biosfera dos insecticidas, em especial do DDT (diclorodifeniltricloroetano) (Greenberg, 2009).

1.5. Discussão: Integridade humana na biosfera, exigência da sociedade

Talvez o postulado básico do Humanismo integral - o ser humano é parte integrante da biosfera, não de uma rede robótica ou mecânica - seja evidente. Isso deve-se ao facto de os seres humanos, tal como toda a fauna e flora, serem objectos vivos. Mas, na década de 1960, Upadhyay teve de sublinhar este facto porque os seres humanos estavam empenhados em inovações técnicas que, direta ou indiretamente, invadiam a biosfera, poluindo o ambiente e desflorestando a terra. É por isso que Upadhyay postulou que a era técnica é a mais bem-vinda, desde que as inovações e os avanços não invadam a biosfera nutrida pela natureza e mantida por eremitas com um grande sentido de bem-estar. A dificuldade em compreender este postulado é, de certa forma, criada pelo princípio de Darwin da "sobrevivência do mais apto", que é normalmente entendido da seguinte forma: o homem descende de espécies semelhantes a animais e sobreviveu na luta devido à sua maior aptidão. Por conseguinte, Upadhyay talvez tenha postulado que a biosfera - incluindo os seres humanos - existe devido à cooperação e não devido à luta. Por último, sublinhou a necessidade de evitar actividades contra a biosfera, como a utilização de insecticidas, e de aderir a uma abordagem técnica para a integridade humana em relação à biosfera.

O teste decisivo para o humanismo integral ou a integridade humana em relação à biosfera, na opinião de Deen Dayal Upadhyay, é o padrão de consumo universal para todas as criaturas. Todas as criaturas precisam de comida, água e ar para a sua existência no planeta Terra. Isso significa que os seres humanos devem consumir o mesmo tipo de alimento, água e ar que está disponível para todas as criaturas. Este tipo de integridade humana em relação à biosfera pode levar a um sentimento de exploração da natureza, em vez de explorar os recursos naturais em nome de inovações técnicas e do desenvolvimento industrial. Evidentemente, os ciclos naturais relacionados com a vida - ciclo do carbono, ciclo do oxigénio, ciclo do azoto, etc. - podem ser sublinhados nos percursos de desenvolvimento. - podem ser sublinhados nas vias da inovação técnica e do desenvolvimento industrial. Se os seres humanos comerem, beberem ou respirarem o mesmo tipo de alimentos, água e ar que está normalmente disponível para todas as criaturas no ambiente natural, não poluirão o ambiente. Então, concentrar-se-ão em tecnologias amigas do ambiente e evitarão várias actividades anti-biosfera. Por exemplo, de acordo com o princípio do humanismo integral, podem ser instaladas condutas de água com sistemas de bombagem para fornecer água às casas a partir de recursos hídricos naturais, mas os recursos hídricos - rios e águas subterrâneas - devem permanecer tal como estão disponíveis para toda a biosfera. Isto significa que os recursos hídricos não serão tratados com cloro ou permanganato de potássio ou sujeitos a qualquer metodologia de purificação. Evidentemente, os seres humanos devem deixar de poluir os recursos hídricos e, da mesma forma, a atmosfera e os recursos terrestres. Por conseguinte, parece que a integridade humana em relação à biosfera é uma exigência da sociedade para o controlo da poluição e a segurança ambiental.

1.6. Conclusão

O princípio do humanismo integral - os seres humanos são parte integrante da biosfera, e não de uma rede robótica ou mecânica - proposto por Pandit Deen Dayal Upadhyay na década de 1960, parece basear-se nos estudos de exemplos do estilo de vida indiano descritos nos textos antigos. A relevância do papel humano na conservação da biodiversidade na era moderna é sublinhada neste princípio. Este princípio conceptualiza o fenómeno da existência da vida devido à cooperação, ou seja, não devido à luta (contrariamente ao darwinismo, como é geralmente entendido). Finalmente, o princípio do humanismo integral centra-se nas preocupações ambientais humanas como parte integrante da biosfera.

Referências

Bharat Niti (www.bharatniti.com). O Humanismo Integral pode resolver os problemas do mundo; 25th Out, 2016

Bhattacharya S. Forest and biodiversity conservation in ancient Indian culture: Uma revisão baseada em textos antigos e evidências arqueológicas. Cartas Internacionais de Ciências Sociais e Humanísticas. ISSN: 2300-2697, Vol 30, p-36; 2014 © Sci Press Ltd., Suíça. Doi: 10.18052

Frawley D. Uma visão ecológica da Índia antiga. The Hindu; Open Page. 21st janeiro, 2003

Greenberg DS. Pesticidas: O órgão consultivo da Casa Branca publica um relatório que recomenda medidas para reduzir os riscos para o público. Ciência 140 (3567); p-878-79; 2009

Kangle RP. Kautilyan Arthshastra, parte II (tradução inglesa de Sanskrut). Motilal Banasidass, Delhi; 1986

Prime R. A visão védica da ecologia. In: Ecologia Védica: Sabedoria prática para sobreviver ao século 21st . Editora Mandala; 2002

Singh A (Investigador Associado e Coordenador do Programa). Deen Dayal Sansar (portal). Fundação de Investigação Dr. Shyama Prasad Mookerjee, 9 Ashok Road, Nova Deli, www.deendayaluphadhyay.org

Singh V (editorial). Ética ambiental e integridade ecológica. Speaking Tree. www.speakingtree.in; 25th julho, 2017

Sharma RK e Parisi S. Toxins and Contaminants in Indian food products 5.3 Ética relativa à proteção da biosfera contra produtos químicos prejudiciais. Anti-

movimento dos pesticidas e humanismo integral. Springer International Publishing AG, Suíça; p-58-59; 2017 ISBN 978-3-319-48047-3

Valmiki. (a) Srimad Valmikiya Ramayana (originalmente escrito em sânscrito). Traduzido em hindi por Pandey Pandit Ramnarayana Datta Shastri "Ram": Primeira parte, Ayodhya Kand, Capítulo 25, Shloka 7, 6th Edition. Gita Press, Gorakhpur. p-260; Samvat 2044 (1987 AD)

Valmiki (b) Srimad Valmikiya Ramayana (originalmente escrito em sânscrito). Traduzido para hindi por Pandey Pandit Ramanarayana Datta Shastri "Ram": Primeira parte Ayodhya Kand, Capítulo 25, shloka 20, 6th Edition. Gita Press, Gorakhpur. p-261; Samvat 2044 (1987 AD)

Valmiki. (c) Srimad Valmikiya Ramayan (originalmente escrito em sânscrito). Traduzido em hindi por Pandey Pandit Ramanarayana Datta Shastri "Rama": Primeira parte, Aranya Kand, Capítulo 11, Shloka 38-39, 6ª edição. Gita Press, Gorakhpur. p-515; Samvat 2044 (1987 AD)

Ved Vyas. (a) Srimadbhagawata Mahapurana, Segunda parte, 10th Skandha, Capítulo 22, Shlokas 32-35 34th Edition. Gitapress, Gorakhpur. p-236-237; Samvat 2055 (1998 AD)

Ved Vyas. (b) Srimadbhagawata Mahapurana, Segunda parte, 10th Skandha, Capítulo 18, Shlokas 3-8, 34th Edition. Gita Press, Gorakhpur. p-214-215; Samvat 2055 (1998 AD)

Ved Vyas. (c) Srimadbhagawata Mahapurana, Segunda parte, 10th Skandha, Capítulo 15, Shloka 1, 34th Edition. Gita Press, Gorakhpur. p-197; Samvat 2055 (1998 AD)

Walker R. Hindutva: Indian nationalism and the politics of religious violence (Hindutva: nacionalismo indiano e a política da violência religiosa). In: Denton PH, editor. Believers in the battlespace: religion, ideology and war [Crentes no espaço de batalha: religião, ideologia e guerra]. Kingston: Canadian Defence Academy Press; 2011

Capítulo 2

Os ciclos naturais representam o sistema regenerativo

2.1 Introdução

2.2 A configuração industrial exige a sustentabilidade dos produtos

2.3 Desintegração do Homem na Biosfera

2.4 Crise de perda de habitat

2.5 Discussão: Os ciclos naturais representam um sistema regenerativo

2.6 Conclusão

2.1. Introdução

Aparentemente, os antigos estilos de vida indianos são o resultado das limitações humanas em utilizar os recursos naturais de tal forma que a reposição imediata da substância consumida é possível como um fenómeno natural. Na era industrial moderna, a exploração mineira está a tornar-se a principal atividade humana, levando a uma extração acelerada de águas subterrâneas, óleo mineral e minerais. Coloca-se a questão de saber quanto tempo este cenário industrial pode durar, em particular se a sua produção, ou seja, o produto, é sustentável ou duradouro. De qualquer modo, se for permitido que se prolongue para sempre, a crise da desflorestação ou da perda de habitats devido à desintegração humana da biosfera é óbvia. [th]A Índia tem sido um país conhecido pela sua riqueza em recursos naturais e pelas necessidades equilibradas da população desde há séculos, mesmo até meados do século XX. A extração limitada de recursos com um forte sentimento de reposição atempada da substância consumida tem sido a caraterística saliente dos antigos padrões de consumo indianos. É comum observar que muitos rios, como o Ganges, estão sempre a correr, apesar do consumo contínuo de água por todas as criaturas. Da mesma forma, todas as criaturas respiram e os seres humanos consomem combustíveis, mas o oxigénio da substância que auxilia a combustão na atmosfera nunca desaparece. É por isso que todas as criaturas existem no planeta Terra e os seres humanos são capazes de obter calor dos combustíveis. Do mesmo modo, observa-se que a terra é sempre fértil, apesar do consumo contínuo de cereais, frutos e forragens pelas criaturas. No entanto, o cenário de extração observado em relação aos recursos subterrâneos da Terra é um pouco diferente do observado em relação aos recursos disponíveis à superfície da Terra. Os recursos subterrâneos são reabastecidos lentamente, em comparação com a atmosfera e a hidrosfera (rios) à superfície. Os antigos videntes reconheceram que as alterações causadas por actividades humanas indiscretas poderiam resultar em desequilíbrios nas estações, nos padrões de precipitação, nas colheitas e na atmosfera e degradar a qualidade da água, do ar e dos recursos da terra (Sharma, 2009). Por conseguinte, a prevenção da utilização incorrecta dos recursos e a adesão à sua utilização adequada e limitada é salientada nos antigos textos indianos. Os videntes da era védica pediam perdão pelas acções humanas inadvertidas que conduziam à exploração da Terra: "O que quer que eu escave de ti, ó Terra, que isso volte a recuperar rapidamente. Ó purificador, que não possamos ferir os teus sinais vitais ou o teu coração (Sharma, 2009). Apesar de permitirem um âmbito limitado para a profissão de mineiro, os *rushis* védicos (eremitas ou videntes) proíbem um trabalho que fere a terra e prejudica as criaturas que nela vivem e sugerem que os seres humanos podem desfrutar de muita liberdade concedida pela mãe terra através das suas montanhas, encostas e planícies.

Três dos hinos *Bhoomi Sukta* do Atharva Veda são aqui mencionados

असंबाधं बध्यतो मानवानां यस्या उद्वतः समं बहु
नानावीर्या ओशधीर्या बिभर्ति पृथिवी नः प्रथतां राध्यतां नः।
यस्यां समुद्र उत सिंधुरापो यस्यामन्नं कृश्टयः संबमूवुः
यस्यामिदं जिन्वति प्राणदेजत्सा नो भूमिः पूर्वपेये दधातु।
यस्याष्चतस्रः प्रदिषः पृथिव्या यस्यामन्नं कृश्टयः संबभूवुः
या बिभर्ति बहुधा प्राणदेजत्सा नो भूमिः गोश्वप्यन्ने दधातु।

(Esta é a nossa mãe terra que, através das suas encostas e planícies, estende aos seres humanos uma liberdade sem limites. Nela se entrelaçam as águas dos oceanos e dos rios, nela está contido o alimento que ela manifesta quando lavrada; nela, de facto, estão vivas todas as vidas; que ela nos conceda essa vida. Nela residem as quatro direcções do mundo,

nela estão contidos os alimentos que ela manifesta quando lavrada, ela sustenta as várias vidas que nela vivem; que ela, a mãe terra, nos conceda o raio de vida presente nos alimentos). (Brahma, tradição Paippalad, 2018).

A configuração industrial atual difere consideravelmente do cenário ecológico antigo. A configuração industrial exige a sustentabilidade do produto, mesmo à custa da regeneração de nutrientes na natureza. O envolvimento cada vez maior do homem na desflorestação e nas actividades mineiras conduziu à crise da perda de habitats. Na linguagem do humanismo integral proposto por Deen Dayal Upadhyay, pode dizer-se que esta crise se deve à desintegração do homem na biosfera. Neste capítulo, procura-se elucidar os ciclos naturais, como o ciclo da água, o ciclo do oxigénio, o ciclo do carbono, o ciclo do azoto, etc. Tenta-se também discutir se estes ciclos naturais de nutrientes representam sistemas regenerativos perfeitos e até que ponto é necessária a integridade humana em relação à biosfera para manter a regeneração dos nutrientes.

2.2. A configuração industrial exige a sustentabilidade dos produtos

[st]A palavra sustentabilidade, no contexto do produto industrial, no século XXI, difere um pouco do seu significado literal, em que o verbo transitivo "sustentar" significa apenas "apoiar, manter ou prover". Significa que já lá vai o tempo da revolução industrial inicial e intermédia, 1700-1920 d.C., em que os produtos industriais, incluindo as embalagens, eram considerados duradouros. [th]Por outras palavras, quanto maior a durabilidade, mais o produto era talvez considerado sustentável, mesmo em meados do século XX. [th]Por exemplo, no final do século XIX, quando o inseticida DDT (diclorodifeniltricloroetano) foi sintetizado pelo cientista alemão Ziedler (Kroschwitz 1998) ou a indústria de embalagens de carne dos EUA utilizava correntes eléctricas

para puxar as carcaças dos animais através das fábricas de transformação (Readers Digest (a), 2002), os produtos eram bem recebidos pela sociedade, talvez sem prestar atenção aos impactos dos produtos e das embalagens no ambiente. Talvez, nessa altura, ninguém se preocupasse com a biodegradabilidade dos insecticidas sintéticos e das embalagens. Mas agora o cenário mudou.

stNo século XXI, o conceito de sustentabilidade do produto desenvolveu-se de acordo com a sustentabilidade ambiental, que trata da parte do ciclo de vida do produto paralela aos ciclos naturais regenerativos. De acordo com Braungart e McDonough, todos os produtos produzidos na indústria devem poder ser desmontados após a sua utilização, de modo a que todos os materiais de que são feitos possam ser devolvidos à terra após compostagem ou reciclados infinitamente como matérias-primas (Braungart et al., 2002). Os programas de certificação ambiental, no domínio da indústria, também estão a funcionar para certificar a natureza ecológica do produto. Exemplos de tais normas são

(1) Rótulo ecológico nórdico Swan, distribuído na Noruega, Suécia, Dinamarca, Finlândia e Islândia, para distinguir os produtos que têm um efeito positivo no ambiente (Rótulo ecológico nórdico) (2) Global Reporting Initiative (GRI), com distribuição global, para enquadrar e divulgar diretrizes globais para a elaboração de relatórios de sustentabilidade para utilização voluntária (Global Reporting) (3) Avaliação do ciclo de vida (LCA), com distribuição global, para avaliar e divulgar os benefícios ambientais dos produtos ao longo de todo o seu ciclo de vida, (4) Rotulagem de alimentos biológicos, distribuída globalmente e gerida pelo USDA (Departamento de Agricultura dos Estados Unidos), para que a indústria alimentar identifique os alimentos biológicos que são produzidos através de métodos que não envolvem quaisquer insumos agrícolas sintéticos, como pesticidas sintéticos, fertilizantes químicos e organismos geneticamente modificados, etc. (Allen et al.,2007(5) Rotulagem do Marine Stewardship Council (MSC), uma organização internacional sem fins lucrativos criada em 1997, para fazer face ao problema da sobrepesca (Ekobai) (6) Rotulagem do

Forest Stewardship Council (FSC), um programa internacional sem fins lucrativos criado em 1993, para promover um programa de florestação e uma gestão florestal ambientalmente adequada, socialmente benéfica e economicamente viável (FSC) (7) Rotulagem Fair Trade (comércio justo) (8) Rotulagem US Green Building Council (Leed V3) (9) Rotulagem energética EKO (Res-E 2012) (10) Selo Verde (Sustentabilidade em Yellowstone).

2.3. Desintegração do Homem na Biosfera

Apesar do estabelecimento de normas para a natureza ecológica da produção industrial e das actividades técnicas, a integridade humana em relação à biosfera não pode ser confirmada. Por exemplo, a aviação de aviões movidos a energia solar é possível, mas a integridade humana para com a biosfera no contexto das viagens aéreas seria confirmada se o direito natural das aves a voar no céu nos aeródromos não fosse retirado. Infelizmente, as aves são consideradas obstáculos no caminho dos aviões, pelo que são mortas nos aeródromos. Trata-se de uma desintegração humana da biosfera no contexto da atividade da aviação. Segundo Pandit Deen Dayal Upadhyay, a tecnologia é muito bem-vinda desde que não esteja associada a uma atividade anti-biosfera (Bharat Niti, 2018). Mas o avanço industrial atual baseia-se em actividades anti-biosfera, como a desflorestação em prol da exploração mineira e da urbanização ou da construção de habitações em algum lugar em expansão horizontal, como na Índia. E é muito difícil pôr termo a uma indústria que não respeita o ambiente porque se tornou uma parte da economia que gera receitas e emprega pessoas. Neste contexto, vale a pena mencionar a citação popular do Young People's Trust for Environment (YPTE): "Muitas indústrias que são más para o ambiente não podem simplesmente parar. Isso colocaria no desemprego centenas de milhares de pessoas em todo o mundo. Os governos não concordarão em participar em esquemas que reduzam os danos ao ambiente, mas que também prejudicarão seriamente as economias dos seus países (YPTE, 2018)". No entanto, isso não significa que os ciclos naturais regenerativos perturbem a economia. De facto, as florestas biodiversificadas conduzem a uma boa economia, na qual a subsistência humana se baseia em recursos naturais disponíveis na superfície terrestre, como a energia solar, a energia eólica, a energia animal, os contributos dos animais, como o leite, e os rendimentos florestais, como as ervas aromáticas e as especiarias. Na Índia, durante o regime britânico, a desflorestação foi muito grande em nome do desenvolvimento urbano. Lala Lajpat Rai, Bal Gangadhar Tilak e Bipin Chandra Pal (conhecido popularmente como Lal Bal Pal) resistiram à imposição legal da desflorestação em nome dos interesses dos silvicultores e dos criadores de gado; mas, após a conquista da liberdade em 15 deth agosto de 1947, as políticas económicas e industriais do período britânico mantiveram-se, pelo que o Dr. Shyama Prasad Mookerjee, o primeiro ministro da Indústria da Índia independente, teve de se demitir (Sharma e Parisi, 2017). Deen Dayal Upadhyay, defensor do princípio do humanismo integral, era seguidor político do Dr. Shyama Prasad Mookerjee.

2.4. Crises de perda de hábito

Quer se trate da desflorestação na Amazónia, do desenvolvimento urbano na Ásia ou da exploração mineira no Ártico, os seres humanos modificaram drasticamente a área terrestre; o número de extinções de espécies de vertebrados foi 53 vezes superior ao normal desde 1900 e, atualmente, 75% do mundo tem uma pegada humana evidente, tendo mais de 50% da área terrestre mundial sido significativamente convertida para utilizações da terra dominadas pelo homem (Watson, 2016). As notícias sobre a perda de habitat fornecidas recentemente pelo Mongabay, um sítio de notícias e informações sobre ciência ambiental e conservação, incluem (1) 8th maio de 2018; Pangolins à beira do abismo à medida que o tráfico África-China persiste inabalável (2) 7th maio de 2018; Crise na Venezuela: Estação experimental de Caparo invadida por 200 agricultores (3) 3rd maio 2018; Caminho do macaco mais raro para a sobrevivência bloqueado por estradas, barragens e agricultura (4) 7th março 2018; Para além dos ursos polares: Os animais do Ártico partilham um futuro climático vulnerável (sítio Web Mongabay). Comentando "a perda de habitat é uma ameaça crítica na extinção de mamíferos", DiMacro, um ecologista australiano e conservacionista da biodiversidade, afirma que

27% das espécies de mamíferos a nível mundial estão ameaçadas de extinção, e a perda e degradação do habitat (U Q News, 2017).

De acordo com Robert Watson, Presidente da Plataforma Intergovernamental de Política Científica sobre Biodiversidade e Serviços Ecossistémicos (IPBES), as escolhas humanas estão a afetar perigosamente o ambiente natural, o que se deve a adversidades como a degradação dos solos, a perda de biodiversidade e as alterações climáticas. Segundo ele, "não nos podemos dar ao luxo de considerar qualquer uma destas três ameaças isoladamente; cada uma delas merece a maior prioridade política e deve ser abordada em conjunto (Harvey, 2018). Da mesma forma, Trisha Hostetter, num seminário de biologia, afirma: "Se não forem feitas alterações na forma como os seres humanos utilizam os recursos na Terra, continuará a haver uma degradação da biodiversidade até que as vidas humanas deixem de poder ser sustentadas; é importante educar as pessoas para viverem em equilíbrio com o ambiente (Hostetter, 2005)". "Perder as suas casas devido às necessidades crescentes dos seres humanos" e "Impacto da perda de habitat nas espécies" são títulos comoventes das notícias do WWF (Fundo Mundial), que afirmam que as florestas, pântanos, planícies, lagos e outros habitats do mundo continuam a desaparecer à medida que são colhidos para consumo humano e desbravados para dar lugar à agricultura, habitação, estradas, oleodutos e outras marcas do desenvolvimento industrial (WWF, 2017).

[st]Vale a pena mencionar que Rachel Carson e Deen Dayal Upadhyay estão entre os pensadores que, na década de 1960, reflectiram paralelamente a estas linhas de pensamento ecológico do século XXI. Carson constatou que a aplicação de insecticidas sintéticos nas explorações agrícolas é a atividade humana talvez mais perigosa para a existência de vida na Terra. Deen Dayal Upadhyay propôs o conceito de humanismo integral, afirmando que a Terra é o habitat comum de todas as criaturas e que os seres humanos devem compreender que são constituintes da biosfera e não de uma rede robótica ou mecânica. Salientou os antigos estilos de vida indianos ligados às florestas e às pastagens, baseados nas necessidades comuns de todas as criaturas com padrões de consumo universais. Isto significa que, de acordo com o princípio do humanismo

integral, os seres humanos devem consumir o mesmo tipo (qualidade) de ar, água e alimentos que todas as criaturas.

A natureza mantém um amplo espetro de biodiversidade no planeta Terra. O reino vegetal, extremamente variado, possui uma imensa diversidade de cerca de 40 000 espécies de clorófitas ou algas verdes, 29 mil espécies de briófitas ou hepáticas, chifres e musgos, 13 mil espécies de fetos, musgos e cavalinhas, 936 espécies de gimnospérmicas ou plantas cónicas e 250 mil espécies de angiospérmicas ou plantas com flor (Readers Digest (b), 2002). Também a biodiversidade do reino animal é espantosa. Os moluscos e os antropodes - dois grandes grupos de invertebrados ou animais sem espinha dorsal, que constituem 95% de todas as espécies animais - possuem cerca de 50 mil espécies de gastrópodes ou lesmas e caracóis, 8 mil espécies de coleópodes ou bivalves, 750 espécies de cefalópodes ou lulas e polvos e 30 mil espécies de crustáceos ou caranguejos, camarões, gambas e lagostas (Readers Digest (c), 2002). Da mesma forma, entre os restantes cinco por cento de espécies animais, existem muitas criaturas: insectos, peixes, anfíbios, répteis, aves e mamíferos. A categoria dos mamíferos, a que pertence o ser humano, inclui 1800 espécies de roedores ou ratos e ratazanas, 80 espécies de cetáceos ou baleias, golfinhos e botos, 270 espécies de carnívoros ou gatos, cães e ursos, duas espécies de proboscídeos ou elefantes, sete espécies de hyracoidea ou hyraxes, quatro espécies de sirenia e manatees, 15 espécies de perissodactyla ou cavalos, asnos e rinocerontes, e 150 espécies de artiodactyla ou porcos, cabras, ovelhas e gado (Readers Digest (d), 2002).

A biodiversidade, tal como interpretada pelo princípio do humanismo integral, é o resultado de vários ciclos naturais regenerativos, como o ciclo do carbono, o ciclo do oxigénio, o ciclo da água e o ciclo do azoto. O humanismo integral considera as fases da vida num ciclo - nascimento, infância, infância, adolescência, velhice, morte e renascimento da mesma alma (verdadeira essência imortal da vida) em qualquer categoria de criatura. O conceito de renascimento é, naturalmente, uma questão debatida, mas é aceite na Índia. Está escrito no Bhagawad Gita -

वासांसि जीर्णानि यथा विहाय नवानि गृह्णाति नरोऽपराणि

तथा शरीराणि विहाय जीर्णान्यन्यानि संयाति नवानि देही।

(Da mesma forma, uma pessoa abandona as roupas velhas e veste roupas novas; a alma deixa os corpos velhos e adquire novos corpos). (Ved Vyas, 1990). No entanto, o ciclo de vida pode ser visualizado como a ocorrência contínua de nascimentos e mortes de criaturas, mesmo sem considerar o papel da alma. A fim de elucidar o princípio do humanismo integral, o autor pretende formular a hipótese de que todos os ciclos regenerativos da matéria (ciclos elementares como o ciclo do carbono ou do oxigénio ou do azoto e ciclos moleculares como o ciclo da água ou do dióxido de carbono) na natureza visam, em última análise, otimizar o tempo de vida de cada criatura, juntamente com a dependência mútua de alimentos e rações. Por outras palavras, a perda de habitat e o declínio da biodiversidade indicam interrupções humanas crescentes no fenómeno do ciclo natural. O humanismo integral difere da teoria da população óptima de Malthus, no sentido em que, segundo esta, o aumento da população humana em qualquer medida é justificado se não ocorrer o fenómeno da perda de habitat e do declínio da biodiversidade. Exatamente na linguagem do humanismo integral, as colónias humanas estão no centro dos habitats bio-diversificados do planeta Terra. As actividades humanas afectam o espetro da biodiversidade. Upadhyay sublinhou o *advait* ou não-dualismo de Shankaracharya e

enfatizou a necessidade de unificar todos os objectos (pelo menos os habitats de todas as criaturas) no universo (pelo menos na terra) do qual a humanidade faz parte (Bhatt, 2001). No entanto, esta hipótese admite essencialmente que os ciclos naturais têm um carácter regenerativo. Por conseguinte, seria conveniente discutir se os ciclos naturais são perfeitamente regenerativos.

2.5. Discussão: Os ciclos naturais representam um sistema regenerativo

Os três ciclos naturais - ciclo do carbono, ciclo do oxigénio e ciclo do azoto - que se desenrolam na atmosfera parecem ser instantâneos, uma vez que as concentrações de azoto, oxigénio e dióxido de carbono sofreram alterações nominais mesmo na era moderna de grande influxo industrial e técnico.

Em 1966, a composição média em volume nas altitudes à superfície era a seguinte: azoto - 78,03%, oxigénio - 20,93% e dióxido de carbono - 0,03% (Rose et al., 1966). Outra fonte datada de 1995 indica que a composição atmosférica é de três componentes: azoto - 78,084%, oxigénio - 20,947% e dióxido de carbono - 0,035% (Mackenzie et al., 1995). Comparando as composições atmosféricas de 1966 e 1995, pode concluir-se que, no período destas três décadas, os teores de azoto e oxigénio permaneceram inalterados, enquanto o dióxido de carbono aumentou 16,66% em volume. Em 5th junho de 2017, o teor de CO_2 atmosférico era de 409,80 ppm ou 0,04098%, enquanto recentemente, em 5th junho de 2018, foi observado pelo observatório Mauna Loa como sendo de 410,82 ppm ou 0,041082% (Daily CO_2, 2018). Isto significa que o CO_2 aumentou 1 ppm durante o ano. No entanto, este aumento não é nominal. Em comparação com a observação de 1966, o teor de dióxido de carbono aumentou em 36,66% na atmosfera. Pode dizer-se que a fotossíntese (o processo de conversão do dióxido de carbono em oxigénio pelas plantas na presença da luz solar) parece ser bastante instantânea, conduzindo a ciclos de azoto, carbono, oxigénio e dióxido de carbono perfeitamente regenerativos. No entanto, o aumento do teor de dióxido de carbono na atmosfera exige um controlo das intervenções humanas para afetar a natureza regenerativa dos ciclos naturais.

No que diz respeito à regeneração do ciclo da água no planeta Terra, observa-se a regularidade das monções e a constância do nível do mar. thDesde meados do século XX, as perturbações das monções, ou inundações e secas, têm ocorrido com maior frequência.

O nível do mar tem vindo a subir desde há décadas, é uma constatação. Na década de 2010, a subida global do nível do mar foi, em média, de cerca de 3 mm por ano. De acordo com M Ravichandran, diretor do Centro Nacional de Investigação Antárctica e Oceânica, a subida do nível do oceano Índico é quase o dobro da média global na presente década. Segundo ele, "o oceano Índico estava a subir cerca de 0,3 mm por ano durante décadas e, a partir de 2004, aumentou cerca de 6 mm por ano" (TNN, TOI, 2017). Foram consideradas várias razões para a subida do nível do mar: gases com efeito de estufa na atmosfera ou aquecimento global, derretimento de icebergues, expansão térmica da água, erosão dos solos ou descida do nível das águas subterrâneas e fluxos de vento que conduzem a um aumento da água quente na superfície do mar.

Ravichandran afirmou que a subida anormal do nível do oceano Índico se deveu aos fluxos de vento, que levaram ao aumento da água quente à superfície do mar (TNN, TOI, 2017). Mas na linguagem do humanismo integral, o aumento da concentração de dióxido de carbono na atmosfera e a subida do nível do mar podem ser considerados como medidas para aumentar a desintegração humana na biosfera. É claro que a primeira medida é global por natureza, mas a segunda é talvez aplicável localmente. Com base na subida anormal do nível do Oceano Índico, talvez se possa concluir que as raízes do humanismo integral ou da integridade humana em relação à biosfera são mais fracas na Índia do que noutros países.

2.6. Conclusão

Com base na discussão acima, conclui-se que (i) os ciclos naturais representam um sistema regenerativo que conduz a um processo que restaura, renova ou revitaliza as suas próprias fontes de materiais e energia (ii) existem algumas medidas para avaliar a perfeição da regeneração de um ciclo natural; a concentração de dióxido de carbono na atmosfera e a subida do nível do mar são duas dessas medidas popularmente conhecidas iii) o atual aumento do dióxido de carbono atmosférico à taxa de 1 ppm por ano indica uma perturbação no modo de regeneração do ciclo do carbono e do ciclo do oxigénio através da fotossíntese e é considerado uma das razões do aquecimento global

iv) a atual taxa anormalmente elevada de subida do nível do mar, com uma média global de cerca de 3 mm por ano, indica uma perturbação na regeneração do ciclo da água (v) na linguagem do humanismo integral, proposta por Pandit Deen Dayal Upadhyay, pode dizer-se que os obstáculos à regeneração dos ciclos naturais se devem à desintegração humana da biosfera ou a actividades humanas eco-destrutivas vi) a taxa de subida do nível do Oceano Índico é de cerca de 6 mm por ano, o dobro da média global, o que talvez indique uma maior desintegração humana da biosfera na Índia em comparação com o resto do mundo vii) infelizmente, apesar dos debates sobre o humanismo integral, na Índia, o seu conceito não é compreendido viii) a Índia necessita de estabelecimentos florestais densos como parte integrante do seguimento de Upadhyay.

Referências

Allen, Garry, Albalba, Ken, Editores. The business of food: enciclopédia das indústrias alimentares e de bebidas. ABC-CL10. p-288; 2007

Bharat Niti (www.bharatniti.com): o humanismo integral pode resolver os problemas do mundo; 25th outubro, 2016

Bhatt C. Hindu Nationalism origins, ideology and modern myths (Origens, ideologia e mitos modernos do nacionalismo hindu). Oxford, Nova Iorque: Berg; 2001.

Brahma, Atharva Veda, 12.1 Bhumi Sukta 2-4. Tradição Paippalad. Traduzido em inglês por Greenmesg; última atualização: março, 2018. www.greenmesg.org

Braungart M, McDonough W. Cradle to cradle remarking the way we make things. North Point Press, EUA; 2002

CO diário $_2$www.co2.earth

Ekobai .www.ekobai.com

Comércio justo. www.fairtrade.net

FSC. http://www.fsc.org/

Relatórios globais.

http://www.globalreporting.org/Reporting Framework/G31Guidelines/

Harvey C. As alterações climáticas estão a tornar-se uma das principais ameaças à biodiversidade. E&E News (c) 2018 Scientific American, uma divisão da Nature America, Inc; 28th março de 2018.

Hostetter T. Impacto humano na biodiversidade. Seminário Sénior de Biologia; 21st novembro, 2005 www.goshen.edu

Kroschwitz JI, editor. Kirk-othmer encyclopedia of chemical technology. 4th ed. Nova Iorque: Willey;1998

LEEDv3. US Green Building Council. http://www.usgbc.org/Display-page.aspx?CMSPageID=197

Mackenzie FT, Mackenzie JA. Our Changing planet. Prentice-Hall, NJ. p-288-307; 1995

Mongabay. Notícias sobre Perda Habital. www.news.mongabay.com

Rótulo ecológico nórdico. http://www.nordicecolabel.org/criteria/product-groups/

Publicações Readers Digest, Sydney. Factos na ponta dos dedos. (a) A história da humanidade. A revolução industrial. p-205; 2002

Publicação da Readers Digest, Sydney. Factos na ponta dos dedos. (b) Life on Earth. O reino vegetal. p-72; 2002

Publicação da Readers Digest, Sydney. Factos na ponta dos dedos. (c) A vida na Terra. Moluscos e artrópodes. p-92-93; 2002

Publicação da Readers Digest, Sydney. Factos na ponta dos dedos. (d) Vida na Terra. Mamíferos. p-118-119; 2002

Norma RES-E (Norma de Eletricidade Renovável para a Europa). Grupo de Iniciativa RES-E; 2012

Rose A, Rose E; editor, The condensed chemical Dictionary. 7th edition. Ar. Reinhold publishing Corporation. Nova Iorque; setembro de 1966

Sharma KN. Perspetiva védica sobre o ambiente. Times of India. life & style; 30th junho, 2009

Sharma R K, Parisi S. Toxins and contaminants, in Indian food products. 4.4 Índia rumo a uma agricultura industrial intensiva e integrada. Springer International Publishing AG, Suíça; 2017 ISBN 978-3-319-48047-3

Sustentabilidade em Yellowstone. http://www.yellowstonenationalparklodges.com/environment/green-seal-certification/green-seal

TNN (Times News Network). O nível do Oceano Índico está a aumentar duas vezes mais do que noutros oceanos.

Times of India; 23rd setembro, 2017

Notícias da UQ (Universidade de Queensland). A perda de habitat é uma ameaça crítica na extinção de mamíferos. 5th julho de 2017 www.uq.edu.au

Ved Vyas. Srimadbhagavad Gita, Capítulo 2, Shloka 22, 141st edition. Gita Press Gorakhpur, p-41; Samvat 2047 ou 1900 AD

Watson J, McDonald-Madden E, Allan J, Jones K, Di Marco M, Fuller R. Metade dos ecossistemas do mundo está em risco de perda de habitat e a Austrália é um dos piores. The Conversation. 14th dezembro de 2016 © 2017

YPTE (Young People's Trust for Environment). Biosfera. O que é a biosfera. ypte.org.uk © 2018

Capítulo 3

O Humanismo Integral no contexto dos Ciclos Regenerativos Naturais

3.1. Introdução

3.2. Redução, reutilização e reciclagem: Tentativas humanas de eliminação de resíduos

3.3. Os micróbios, criadores do sistema regenerativo

3.4. Preocupações ambientais humanas como parte integrante da biosfera

3.5. Discussão: O humanismo integral no contexto dos ciclos naturais de regeneração 3.6. Conclusão

3.1. Introdução

Pandit Deen Dayal Upadhyay (1916-1968) propôs o princípio do humanismo integral na década de 1960 na Índia. Em poucas palavras, afirma que os seres humanos são parte integrante da biosfera, e não da rede mecânica ou robótica, pelo que devem consumir o mesmo tipo (qualidade) de alimentos, água e ar que todas as criaturas (Sharma e Parisi, 2017). O seu objetivo é realçar as preocupações ambientais dos seres humanos em relação ao universo e como primeiro passo para a biosfera como sua parte integrante. Não há dúvida de que os seres humanos são criaturas com capacidades brilhantes distintas, particularmente como exploradores da ciência e da tecnologia e utilizadores dos recursos naturais como meios convenientes para satisfazer as suas necessidades e desejos. O objetivo do humanismo integral é proporcionar uma vida digna a todos os seres humanos. E a melhor medida de sucesso, neste contexto, é o *antyodaya*, ou seja, a melhoria da vida do ser humano no degrau mais baixo da sociedade (Arise Bharat, 2017). Coloca-se a questão de saber quem está no último degrau da escada profissional na sociedade. Normalmente, a resposta é: "o homem mais pobre". É claro que o homem mais pobre está situado no último degrau da escada económica. Mas Pandit Deen Dayal Upadhyay considera que o ser humano mais trabalhador, que depende dos recursos naturais básicos (florestas e pastagens) para a sua subsistência, é o homem ou a mulher que se encontra no degrau mais baixo da sociedade, independentemente da sua situação financeira. Escusado será dizer que o último ser humano parece ser conceptualizado como um trabalhador, profissionalmente mais duro na primeira prioridade e financeiramente mais fraco na prioridade seguinte.

O último ser humano da consideração de Upadhyay parece preocupar-se com as florestas, as pastagens, a biodiversidade e o ambiente. Os seus sentimentos estão profundamente enraizados na seita *advait* ou não-dualismo e em sub-sectores como o *vaishnav,* o *shaiva* e o *shakta* (Gupta, 2016), preocupados com o caminho das limitações das actividades humanas para manter os caminhos de *vanara* (macaco), *vrushabh* (touro) e *singh* (leão), quase sem resistência na terra. Por outras palavras, o último ser humano mantém a floresta e as pastagens e retira o seu sustento dos recursos naturais, mantendo-os num crescimento ótimo, adequado às necessidades de desenvolvimento da sociedade. De acordo com Deen Dayal Upadhyay, os sistemas políticos ocidentais, como o capitalismo e o marxismo, não têm uma visão da integridade humana em relação à biosfera, mas a ciência ocidental possui esta dimensão sob a forma de uma faculdade de ecologia. Por isso, David Gosling afirma corretamente que ele (o humanismo integral) se opõe tanto ao individualismo capitalista ocidental como ao socialismo marxista, embora seja recetivo à ciência ocidental (Gosling, 2001). Para além disso, também se pode dizer que, apesar de acolher a ciência moderna, o humanismo integral questiona suavemente os tecnocratas sobre a sua capacidade de desenvolver tecnologias amigas do ambiente.

A canção de Jack Johnson "we have 3R's" é talvez a resposta adequada à pergunta pertinente de Deen Dayal sobre a capacidade dos tecnocratas para desenvolverem tecnologias respeitadoras do ambiente. Os 3R's são três dimensões da minimização das actividades humanas de extração de recursos naturais: reduzir (consumo), reutilizar (produto) e reciclar (produto usado). Entre estes 3R's, a tónica é colocada na reciclagem. Recentemente, o Primeiro-Ministro Narendra Modi acrescentou mais três R's: recuperar, redesenhar e refabricar (Modi, 2018). Apesar de tanta ênfase nos 3R's ou 6R's, uma vez que o foco está na reciclagem, a maior parte dos resíduos vai para aterros (por exemplo, 37% na Europa) e incineração (por exemplo, 23% na Europa) (Simon, 2013). Desta forma, atualmente o nosso planeta, apesar do acompanhamento da dimensão de reciclagem dos 3R's, tem enfrentado seriamente problemas de poluição e degradação do solo. Vale a pena mencionar que o acompanhamento das dimensões de reutilização e redução dos 3R's pode realmente garantir a minimização da poluição e a melhoria da fertilidade do solo, mas estas duas dimensões não são atualmente enfatizadas. No entanto, tem-se observado que, atualmente, os processos de reciclagem seguros e ecológicos utilizam aplicações microbianas. Entende-se que os micróbios

desempenham papéis importantes nos ciclos naturais de regeneração. Alguns microbiologistas consideram que os micróbios desempenham um papel no estabelecimento do sistema regenerativo. Neste capítulo, procura-se compreender como as preocupações ambientais humanas, enquanto parte integrante da biosfera, afectam a biodiversidade e também a diversidade microbiana. Também é feita uma tentativa de discutir o humanismo integral no contexto do sistema regenerativo natural para concetualizar as preocupações ambientais humanas ao mesmo tempo que se acolhe a ciência e a tecnologia modernas.

3.2. Redução, reutilização e reciclagem: Tentativas humanas de eliminação de resíduos

No que diz respeito ao destaque do anti-consumismo, o princípio do humanismo integral de Deen Dayal assemelha-se ao pensamento gandhiano. Ambos os temas filosóficos se referem ao antigo estilo de vida indiano em contextos económicos e ecológicos. A mentalidade "os seres humanos são parte integrante da biosfera, não de uma rede mecânica ou robótica, pelo que devem consumir o mesmo tipo (qualidade) de alimentos, água e ar que todas as criaturas" é a expetativa básica do ser humano, de acordo com o princípio do humanismo integral de Deen Dayal Upadhyay (Sharma e Parisi, 2017). Seguir este princípio significaria: comer alimentos frescos, beber água do rio ou de lençóis freáticos (claro que pode ser fornecida a casas individuais através de condutas) e respirar ar natural (não condicionado, claro que podem ser utilizadas ventoinhas eléctricas). Isto significa que os alimentos insalubres embalados, a água de baixo perfil mineral embalada e os aparelhos de ar condicionado não deveriam ter sido a exigência da sociedade, que enfrenta atualmente um grande problema de eliminação de resíduos devido ao consumismo excessivo para estas necessidades. Escusado será dizer que o humanismo integral se preocupa com a dimensão "redução do consumo" dos 3R's (Redução, Reutilização, Reciclagem).

A dimensão de redução entre os 3R's ou 6R's parece ser a base principal da minimização de resíduos no século 21st , quando o avanço técnico, juntamente com o consumismo, levou à reciclagem do solo. Entre todos os seis tipos de tentativas humanas de eliminação de resíduos - redução, reutilização, reciclagem, recuperação, redesenho e refabricação - a reciclagem de produtos usados está atualmente em destaque. A dimensão da reciclagem da eliminação de resíduos, quer se trate da incineração, do tratamento de esgotos ou da deposição em aterro, depende, em última análise, da capacidade do ar, da água e do solo para eliminar os resíduos. Por conseguinte, atualmente, os sistemas cíclicos regenerativos naturais são preferidos no trabalho de eliminação de resíduos.

Este método inovador de eliminação de resíduos é designado por "economia circular", que se baseia em três princípios: (1) conceber a eliminação dos resíduos e da poluição (2) manter os produtos e materiais em utilização (3) regenerar o sistema natural (Ellen MacArthur Foundation, 2017). Os ciclos naturais de nutrientes são considerados como o resultado do envolvimento de certos microrganismos. Por exemplo, o azoto atmosférico é convertido em amoníaco por bactérias fixadoras de azoto em ambientes aquáticos e no solo, o amoníaco é subsequentemente convertido em nitrito e nitrato por bactérias nitrificantes, o azoto na sua forma orgânica é obtido pelos animais à medida que consomem plantas e devolvem o amoníaco, as bactérias nitrificantes convertem o nitrito e o nitrato em azoto, libertando-o de volta para a atmosfera (Bailey, 2017). Por conseguinte, na linguagem do humanismo integral, pode dizer-se que o ser humano pode utilizar os microrganismos em causa para a eliminação dos resíduos. E a responsabilidade do ser humano é ver se esses microrganismos úteis não se extinguem e seguir um estilo de vida amigo do ambiente.

3.3. Os micróbios, criadores do sistema regenerativo

As vias naturais através das quais circulam os elementos essenciais da matéria viva não são apenas de natureza geológica e química, mas também biológica. Por outras palavras, os ciclos regenerativos naturais são de natureza biogeoquímica. Os elementos dos ciclos biogeoquímicos fluem sob várias formas, desde os componentes não vivos (abióticos) da biosfera até aos componentes vivos (bióticos) e vice-versa (The Editors of Encyclopedia Britannia, 2018). Por conseguinte, os microrganismos podem ser considerados como criadores de um sistema regenerativo natural e de um ecossistema distinto no planeta Terra. Para que os componentes vivos de um grande ecossistema (por exemplo, um lago ou uma floresta) possam sobreviver, todos os elementos químicos que constituem as células vivas devem ser continuamente reciclados (The Editors of Encyclopedia Britannia, 2018). Parece que o estilo de vida humano tem uma séria preocupação com a reciclagem das células vivas que produzem elementos químicos e, consequentemente, é capaz de afetar a sobrevivência dos componentes vivos de um ecossistema.

Aaron Niederhelman escreve: "O efeito do que realmente chega à sua mesa de jantar é muito maior do que apenas o ganho ou satisfação pessoal resultante. A produção moderna não tem em conta o desperdício, o impacto ambiental ou a pegada ecológica do papel da agricultura convencional em quase metade de toda a perda de florestas - essa é a nossa realidade, mas não a nossa responsabilidade (Niederhelman, 2018). O ser humano moderno pretende minerar o mar e o solo e matar pragas (bactérias, insectos, fungos) em nome do controlo do contágio e da melhoria do rendimento das culturas. Esquece-se de que os micróbios são os criadores do sistema regenerativo na natureza. Na linguagem do humanismo integral, trata-se de uma total desintegração humana da biosfera. Diz-se que, para as necessidades humanas mais fundamentais de alimentos e água, os custos adicionais da exploração mineira do mar e do solo sem reabastecer o sistema necessário para o ciclo autossustentável de nutrientes em todos os níveis tróficos criaram um fluxo de resíduos perpétuo e não regenerativo (Niederhelman, 2016). No entanto, para ultrapassar o problema da criação de um fluxo de resíduos não regenerativo, as preocupações ambientais humanas como parte integrante da biosfera, sob a forma de antigos estilos de vida indianos, foram concretizadas por Pandit Deen Dayal Upadhyay na Índia na década de 1960, paralelamente ao movimento anti-inseticida liderado por Rachel Carson nos EUA.

3.4. Preocupações ambientais humanas como parte integrante da biosfera

Deen Dayal Upadhyay observou as preocupações ambientais humanas como parte integrante da biosfera em quatro *purusharth* ou objectivos da espécie humana mencionados na literatura indiana antiga. A espécie humana, segundo Upadhyay, tinha quatro atributos hierarquicamente organizados: corpo, mente, intelecto e alma, que correspondem aos quatro objectivos universais de *dharma* (deveres morais), *artha* (riqueza), *kama* (desejo ou satisfação) e *moksha* (libertação total ou salvação). Embora nenhum deles possa ser ignorado, *dharma* ou deveres morais é básico, e *moksha* ou salvação é o objetivo final da humanidade ou da sociedade. Segundo ele, o problema das ideologias capitalista e socialista é que só têm em conta as necessidades do corpo e da mente e, por conseguinte, baseiam-se em objectivos materialistas de desejo e riqueza (Bhatt, 2001). Os objectivos básicos e últimos, *dharma* (deveres morais) e *moksha* (salvação) do ser humano são cumpridos em florestas densas e pastagens, através da convivência harmoniosa com todas as criaturas.

A vida humana, tal como mencionado nos antigos textos indianos, tem quatro fases ou *ashramas* - *brahmacharya* (vida de estudante) até aos 25 anos de idade, *garhasthya* (vida de casado e a ganhar dinheiro) 25-50 anos, *vanprastha* (vida de realização do desejo) 50-75 anos e *sanyas* (vida de não apego) 75 anos em diante. O humanismo integral sublinha como a cultura indiana desenvolveu um sistema de quatro *prusharthas* (objectivos) e quatro *ashramas* (fases da vida) (Kulkarni, 2014). Isto significa que uma criança indiana deve entrar numa *gurkul* (escola) situada numa floresta densa ou num pasto e ligar-se emocionalmente às criaturas que aí vivem. Depois de se casar e de ganhar o suficiente para a sua subsistência e satisfação numa aldeia ou cidade, deve voltar para a floresta densa ou para o pasto como *guru* (professor) na *gurukul* (escola) ou como conservador da floresta e do pasto, sem qualquer sentimento de apego. É assim que o antigo estilo de vida humano indiano se misturava harmoniosamente com o estilo de vida das plantas e dos animais, e mantinha a biodiversidade na natureza com grande compreensão e interesse.

3.5. Discussão: O Humanismo Integral no contexto dos Ciclos Regenerativos Naturais

A filosofia do humanismo integral, tal como o Gandhismo, opõe-se ao consumismo desenfreado, uma vez que tal ideologia é estranha à cultura indiana. A cultura tradicional indiana insiste na contenção dos desejos e defende o contentamento em vez da busca implacável da riqueza material (Malik, 1994). Os antigos indianos obtinham o contentamento da sua integridade em relação à biosfera como seu *purusharth* ou objetivo último. Por conseguinte, é pertinente discutir a forma como este tipo de integração humana na biosfera pode reforçar o sistema regenerativo natural. Observa-se que as criaturas exibem uma dependência mútua para se alimentarem e serem alimentadas. Por isso, pode pensar-se que alguns organismos poderosos, como árvores de grande porte, elefantes, leões, touros, águias, crocodilos, macacos, etc., nunca devem ser extintos na natureza, para bem de toda a biodiversidade, incluindo a diversidade de microrganismos, que desempenham papéis importantes nos ciclos naturais de regeneração de nutrientes. *O dharma* ou dever moral, na Índia antiga, preocupava-se com a conservação destes macro-organismos. Os sub-sectores *advait* (não dualismo) *shaiva*, *shakta* e *vaishnava* contribuíram para a conservação dos touros (todo o gado) e dos crocodilos, leões, macacos e águias, respetivamente. A conservação das árvores de grande porte, como as figueiras sagradas, as figueiras-de-bengala, os pinheiros, etc., e dos elefantes era da responsabilidade colectiva de todos os devotos da seita. A cobertura verde na superfície da terra tem um papel evidente na conservação do solo e na purificação do ar. A declaração popular do Presidente dos EUA (1933-45) Franklin D. Roosvelt, "As florestas são os pulmões da nossa terra, purificando o ar" é referida como a citação de Deen Dayal Upadhyay na Índia, porque ele a utilizava nas suas palestras (Wig, 2013).

O "espaço pulmonar" (oxigénio) de Naya Raipur (estado de Chhatisgarh, na Índia) é atualmente considerado a ilha de nidificação a desenvolver no meio do reservatório de água de Khandwa, numa área de 131 acres de terreno mesmo no meio do Safari na Selva (The Pioneer, 2016). Mas, para além destes esquemas ecológicos de atração turística, a Índia precisa urgentemente de esquemas de elevação das populações florestais e pecuárias com atualização científica e técnica destas profissões tradicionais; era verdadeiramente o sonho de Pandit Deen Dayal Upadhyay. Por outras palavras, os programas de desenvolvimento do turismo ecológico não podem preencher o vazio causado pela vasta desflorestação em prol de tantos equipamentos públicos, quer se trate de habitações horizontais ou de infra-estruturas rodoviárias ou ferroviárias demasiado longas, ou de projectos de barragens hidroeléctricas. Da mesma forma, facilitar a vida dos silvicultores para a sua felicidade e melhorar os recursos florestais para a sua subsistência devem ser os objectivos dos programas florestais e ambientais. As facilidades concedidas aos silvicultores, continuamente privados de meios de subsistência, em nome da *antyodaya* (ascensão do ser humano final), são enganadoras. Por exemplo, a notícia "Ray of hope for Adivasi (foresters) villages around Maharashtra" (Pani, 2018), que descreve a forma como as aldeias *Adivasi* sem descrição obtêm fornecimento de energia eléctrica, não pode ser diretamente relacionada com o *antyodaya.* Um verdadeiro regime *antyodaya*, para os silvicultores, preocupar-se-á com os seus recursos de subsistência ou com a densa florestação. De acordo com Deen Dayal Upadhyay, o êxito do *antyodaya* é *objeto* de um grande envolvimento académico e de uma grande vontade política. Referindo-se a

Shankaracharya (académico) e Chanakya (estadista), Upadhyay diz: "Lembro-me de dois grandes homens que revolucionaram a vida Bhartiya (indiana). Um deles é Shankaracharya, que, armado com a mensagem de demolir a conduta imoral (actividades que não respeitam o ambiente) na vida Bhartiya (indiana), e o outro Chanakya, que procurou unir as repúblicas dispersas que seguiam os seus respectivos cursos políticos numa nação com base no princípio de Arthshastra (eco-economia) (Sharma, 1992).

3.6. Conclusão

Com base na discussão acima, pode concluir-se que (1) o princípio do humanismo integral diz respeito à redução do consumo (2) na linguagem do humanismo integral, pode dizer-se que os microrganismos podem ser utilizados para a eliminação de resíduos; (3) as preocupações ambientais humanas na Índia antiga eram tão vitais que os objectivos básicos e finais da vida, *dharma* e *moksha,* dos quatro *(dharma, artha, kama, moksha),* eram cumpridos nas florestas (4) a dependência mútua de alimentos e rações é observada nas criaturas, pelo que se acreditava na Índia antiga; a conservação de organismos poderosos como árvores de grande porte, elefantes, leões, touros, águias, crocodilos, macacos, etc. é essencial para o bem de toda a biodiversidade (5) os devotos das sub-seitas *advait shaiva, shakta* e *vaishnava* contribuíram para a conservação de touros e crocodilos, leões, macacos e águias; (6) segundo upadhyay, as facilidades concedidas aos silvicultores, continuamente privados de meios de subsistência, em nome de *antyodaya* (ascensão do ser humano final) são enganadoras; um verdadeiro regime *antyodaya*, para os silvicultores, preocupa-se com os seus meios de subsistência, como a florestação densa e a atualização técnica da silvicultura.

Referências

Ergue-te Bharat. Humanismo integral ou ekatmata manav darshan. Blogue em worldpress.com; 25th setembro, 2017

Bailey R. How nutrients cycle through the environment. http://www.thoughtco.com/all- about-the-nutrient-cycle-373411; 7th novembro, 2017

Bhatt C. Hindu nationalism: origins, ideologies and moderns myth (Nacionalismo hindu: origens, ideologias e mitos modernos). Oxford, New York: Berg; 2001 ISBN 1-85973-343-3

Fundação Ellen MacArthur. www.ellenmacarthurfoundation.org; © 2017

Gosling D. Religion and ecology in India and southeast Asia (Religião e ecologia na Índia e no Sudeste Asiático). Londres, Nova Iorque: Routledge p-124; 2001 ISBN 0-415-24030-1

Gupta BL. Uma palestra sobre humanismo integral. Samvit Kendra, Hyderabad; 21st março, 2016

Kulkarni SA. Pt. Deendayal Upadhyay ideology & Perception, parte 4; 2014 http://books.google.co.in >books

Malik Y. Hindu nationalists in India: the rise of Bhartiya Janta Party [Nacionalistas hindus na Índia: a ascensão do Partido Bhartiya Janta]. Boulder: Westview Press. p-16; 1994 ISBN 0-8133-88 10-4

Modi N. O mantra dos 6R. Cimeira Mundial dos Governos, Abu Dhabi, Dubai. 11th fevereiro, 2018

Niederhelman A. Recursos Regenerativos: Alimentos do futuro da One Health. Huffpost;

7th maio de 2016 http://www.huffingtonpost.com/aaron-

niederhelman/regenerative- resources-on b 10632454.html

Pani P. Um raio de esperança para as aldeias Adivasi em Maharashtra. The Hindu Business Line; 10th abril de 2018

Sharma M. O humanismo integral de Deen Dayal Upadhyay: documentos, interpretações, comparações. In: Swaroop D, editor. Integral Humanism, a study. Instituto de Investigação Deendayal, Nova Deli. p-103-108; 1992

Sharma RK, Parisi S. Toxins and contaminants in Indian food products. 5.3 Ética relativa à proteção da biosfera contra substâncias químicas nocivas. Movimento antipesticida e humanismo integral. Springer International Publishing AG, p-58-59; 2017

Simon JM. Da hierarquia dos 3Rs à hierarquia dos resíduos zero; 18th abril, 2013 www.zerowasteeurope.eu

Os editores da Enciclopédia Britânica. Ciclo biogeoquímico (Ciência). © 2018 Encyclopedia Britannica Inc. www.britannica.com

The Pioneer (edição dos estados de Chhattisgarh). O PM dedica os 4 projectos de sonho do estado às pessoas. Staff Reporter, Naya Raipur (em Raipur); 2nd novembro de 2016

Wig R. Hindu nationalism: the ideology of the BJP (Nacionalismo hindu: a ideologia do BJP). decoplayer.net; março de 2013

Capítulo 4

Humanismo Integral: Reflexões globais e nacionais

4.1. Introdução

4.2. Integridade humana na biosfera: uma questão global

4.3. Apresentação específica da Índia no Humanismo Integral

4.4. Como as preocupações nacionais são importantes na integridade humana da biosfera

4.5. Discussão: Reflexões globais e nacionais sobre o ensino integral Humanismo

4.6. Conclusão

4.1. Introdução

Atualmente, a população humana e o avanço tecnológico são frequentemente apontados como responsáveis por problemas de saúde ambiental, como a degradação dos solos, as alterações climáticas, a extinção de espécies, a poluição, etc. A título de exemplo, mencionam-se duas citações: "Quando (nos tempos antigos) as populações humanas eram pequenas, os recursos eram abundantes, as competências tecnológicas eram menos avançadas" e "Não podemos evitar a utilização da tecnologia, mas já não podemos adotar a tecnologia sem uma avaliação cuidadosa dos seus efeitos ecológicos (Karr, 1996). Mas de acordo com o princípio do humanismo integral, proposto por Deen Dayal Upadhyay, a degradação ambiental é uma indicação da desintegração do homem com a biosfera. As pessoas têm a ideia errada de que muitas criaturas selvagens são violentas por natureza. Por exemplo, os leões não costumam caçar pessoas, mas alguns (geralmente machos) parecem procurar presas humanas (como os jacarés de Tsavo, no Quénia) (Patterson, 2004). O tigre é normalmente considerado a criatura mais feroz e violenta. O facto sobre os tigres e os humanos é que os tigres mataram mais pessoas do que qualquer outro tipo de felino, mas somos nós (humanos) que invadimos continuamente o seu habitat natural e depois nos queixamos quando ocorrem ataques de tigres (Tigers-World, 2014). Na verdade, regra geral, o tigre evita o ser humano e simplesmente ignora-o, a não ser que o ser humano esteja a entrar no seu território e ele seja demasiado velho para caçar as suas presas habituais ou tenha danificado os dentes e não consiga mastigar as presas habituais (os seres humanos são moles) (Iyer, 2016). Aparentemente, os mal-entendidos em relação aos animais selvagens levaram à desintegração do homem com a biosfera, fazendo com que as pessoas se abstenham da silvicultura tradicional orientada para a biodiversidade e do coberto vegetal de relva naturalmente desenvolvido na terra, naturalmente protegido pelos grandes felinos. Como os seres humanos se abstinham de praticar a silvicultura, consequentemente, esta profissão foi privada do influxo da tecnologia mais recente. A quintessência do humanismo integral parece ser o facto de a abstenção de profissões tradicionais orientadas para a biodiversidade, como a silvicultura e a criação de gado, ter levado à não atualização dos profissionais em causa; por conseguinte, não é a população, mas o envolvimento humano em actividades anti-biodiversidade, como a agricultura e a exploração mineira intensivas excessivas e a habitação horizontal, não é a tecnologia, mas a não atualização dos profissionais tradicionais, não é a produção, mas o consumo excessivo ou o consumismo, que são os factores de degradação ambiental. Deste modo, o humanismo integral ou a integridade humana em relação à biosfera parece ser uma questão global, mas reflecte demasiado o estilo de vida tradicional indiano. Diz-se frequentemente que, para compreender a razão pela qual o princípio do humanismo integral foi proposto por Upadhyay, é necessário regressar ao contexto em que lhe foi dada a sua forma atual - apesar de a sua origem poder ser atribuída à tradição intemporal da cultura indiana e à consciência "Bhartiya" (indiana antiga) (Awasthi, 2017). Neste capítulo, tenta-se refletir sobre a importância das preocupações nacionais na integridade humana para a biosfera e discutir as reflexões globais e nacionais do humanismo integral.

4.2. Integridade humana na biosfera: uma questão global

A questão da integridade humana em relação à biosfera é definitivamente uma questão global, que é discutida na quarta e última palestra da série de discursos de Deen Dayal Upadhyay proferidos em Bombaim de 22nd a 25th de abril de 1965 (Pandit, 2002). Deen Dayal Upadhyay deriva a teoria do *Swadeshi* (indígena) e da descentralização dos conceitos de "estrutura económica adaptada aos ganhos nacionais" e de "consumismo eco-construtivo". O conceito de consumismo eco-construtivo, elucidado sob o subtítulo "consumismo ecodestrutivo" na quarta palestra do humanismo integral editado por Vasant Raj Pandit, de forma resumida, é o seguinte (Pandit, 2002)

(i) Existe uma relação cíclica em diferentes partes da natureza (ciclos regenerativos naturais como o ciclo do azoto, o ciclo do oxigénio, etc.).

(ii) O atual sistema económico e o sistema de produção estão a perturbar rapidamente o equilíbrio (ciclos naturais de regeneração) da natureza. Como resultado, por um lado, são fabricados novos produtos para satisfazer desejos cada vez maiores e, por outro lado, surgem todos os dias novos problemas que ameaçam a própria existência da humanidade e da civilização (devido ao aumento da produção de resíduos industriais e à diminuição da sua eliminação pela natureza ou pelo ar, pela água e pelo solo).

(iii) É essencial utilizar a parte dos recursos naturais disponíveis que a própria natureza poderá recuperar facilmente (só devem ser fabricados produtos biodegradáveis).

(iv) Na tentativa de obter uma maior colheita da terra, são utilizados fertilizantes químicos que, dentro de alguns anos, tornarão a terra completamente infértil (fertilizante químico, um exemplo de produto bio não degradável).

(v) O industrial prevê um fundo de amortização para substituir as máquinas, quando estas se desgastam. Então como é que podemos negligenciar o fundo de depreciação da natureza? Deste ponto de vista, é preciso compreender que o objetivo do nosso sistema económico não deve ser uma utilização extravagante, mas uma utilização bem regulada dos recursos disponíveis (conservação e utilização económica dos recursos naturais).

(vi) Não será sensato entrar numa corrida cega de consumo e produção, como se o homem fosse criado com o único objetivo de consumir (redução do consumo; ênfase na dimensão "redução" dos 3R's, ou seja, redução, reutilização e reciclagem).

(vii) O sistema de humanismo integral não pensará apenas num único aspeto da vida humana, mas em todos os seus aspectos, incluindo o objetivo final. Este sistema será construtivo e não destrutivo. Este sistema não prosperará com a exploração da natureza, mas sustentará a natureza e, por sua vez, alimentar-se-á a si próprio. A ordenha, e não a exploração, deve ser o nosso objetivo. O sistema deve ser tal que o excedente da natureza seja utilizado para sustentar as nossas vidas (enriquecimento das profissões tradicionais, silvicultura e criação de gado, com o influxo da mais recente tecnologia e a limitação de profissões como a agricultura, a exploração mineira, a habitação, etc.).

De acordo com o falecido jornalista Bhanu Pratap Shukla, que contou ao autor deste livro, Deen Dayal Upadhyay também propôs um teste decisivo para avaliar o nível de integridade humana em relação à biosfera: os seres humanos devem consumir o mesmo tipo (qualidade) de alimentos, água e ar que todas as criaturas consomem (padrão de consumo universal de géneros alimentícios) (Sharma e Parisi, 2017). Isso significa que os seres humanos devem evitar beber água tratada e água de osmose inversa (é claro que a água pode ser fornecida a partir de recursos hídricos, rios, poços, etc., para as casas através de condutas após filtração) e comer alimentos seguros especialmente cultivados, como alimentos orgânicos, e viver em instalações com ar condicionado. Talvez só assim os recursos naturais possam permanecer conservados, não poluídos pelos seres humanos, e todas as criaturas, incluindo os seres humanos, possam desfrutar de alimentos e ambiente seguros. No entanto, o autor deste livro não conseguiu encontrar esta afirmação de Upadhyay em Integral Humanism, editado por Vasant Raj Pandit. Talvez Upadhyay tenha feito esta afirmação mais tarde, e não durante os seus quatro dias de palestras.

A natureza global deste conteúdo do humanismo integral pode ser avaliada à luz da ética da biosfera em evolução, que atualmente contém os seguintes princípios fundamentais (1) promoção da solidariedade ecológica entre os seres humanos e a natureza (2) apoio aos direitos humanos universais e aos esforços em prol da justiça social, económica e ambiental (3) reconhecimento do perigo da mercantilização da vida (4) manutenção, promoção e cultivo da diversidade biocultural (5) fomento de alianças locais e regionais que reconheçam o conhecimento e a compreensão que cada um tem para contribuir (6) reconhecimento do facto de que a aplicação do conhecimento científico não é neutra em termos de valor (Gwiazdon, 2010).

A possibilidade de existência de diversidade biocultural, exigida pelo quarto princípio fundamental para a evolução da ética da biosfera, reside talvez na iniciativa e integridade humanas. Por isso, a relevância do humanismo integral e a credibilidade do modelo de desenvolvimento integrado e sustentável apresentado tornam-se evidentes nos tempos modernos. Vivaswan Shastri, um autor sobre questões de humanismo integral, enfatiza a relevância do humanismo integral: "Depois de ter tentado vários modelos de desenvolvimento com resultados mistos, o mundo está à procura de um modelo de desenvolvimento que seja integrado e sustentável. O humanismo integral tem como objetivo proporcionar uma vida digna ao ser humano, equilibrando as necessidades do indivíduo com as da sociedade e dos países. Defende a utilização dos recursos naturais a um ritmo que permita a sua reconstituição (Swarajya, 2016).

4.3. Apresentação específica da Índia no Humanismo Integral

Apesar de propor um tema global ou universal de importância ecológica, o tratado de humanismo integral de Pandit Deen Dayal Upadhyay contém muitas apresentações específicas da Índia. Cada uma das quatro palestras de Upadhyay é dedicada à antiga cultura e estilo de vida indianos. As caraterísticas mais salientes da apresentação específica da Índia nas quatro conferências de Upadhyay, editadas como Humanismo Integral por Vasant Raj Pandit, são as seguintes (Pandit, 2002)

Aula 1, datada de 22nd abril de 1965

(i) A ciência ocidental e o modo de vida ocidental são duas coisas diferentes. Enquanto a ciência ocidental é universal e deve ser absorvida por nós (nós indianos) se quisermos avançar, o mesmo não acontece com o modo de vida e os valores ocidentais.

(ii) Os responsáveis políticos ocidentais tentaram combinações e permutações, colocando a tónica num ou noutro ideal. A Inglaterra deu ênfase ao nacionalismo e à democracia e desenvolveu as suas instituições político-sociais nesse sentido, enquanto a França não conseguiu adotar o mesmo. A democracia em França deu origem a instabilidade política. O Partido Trabalhista britânico queria conciliar o socialismo com a democracia, mas as pessoas têm dúvidas quanto à sobrevivência da democracia se o socialismo ganhar força. Assim, o Partido Trabalhista deixou de apoiar o socialismo com a mesma força que as doutrinas marxistas defendiam. Diluindo consideravelmente o socialismo, Hitler e Mussolini adoptaram o nacionalismo-socialismo e enterraram a democracia. No final, o socialismo tornou-se também um instrumento do seu nacionalismo, o que constituiu uma grande ameaça para a paz e a unidade mundiais.

Na primeira conferência, Upadhyay saúda a ciência ocidental e aprecia o seu carácter universal. O modo de vida e as instituições político-sociais ocidentais, segundo ele, podem valer a pena procurar alguma orientação para a Índia, mas o facto é que o mundo ocidental não tem sugestões concretas para oferecer.

Aula 2, datada de 23rd abril de 1965

(i) Aqueles que defendem que se deve começar do ponto onde nós (índios) parámos há mil anos, esquecem-se de que, quer isso seja desejável ou não, é definitivamente impossível.

(ii) Tanto do ponto de vista nacional como humano, tornou-se essencial refletir sobre os princípios da cultura *Bhartiya* (indiana). Se, com a sua ajuda, conseguirmos conciliar os vários ideais do pensamento político ocidental, isso será uma vantagem acrescida para nós.

(iii) A cultura Bhartiya (indiana) é holística e encara a vida como um todo.

todo.

(iv) Nós (indianos) admitimos que existe diversidade e pluralidade na vida; sempre tentámos descobrir a unidade por detrás delas.

(v) O conflito não é um sinal de cultura ou de natureza, mas sim um sintoma de perversão.

(vi) Nós (indianos) reconhecemos o desejo, a raiva, etc. entre as tendências inferiores da natureza humana, mas não os usámos como fundamento ou base da vida ou cultura civilizadas.

(vii) Moldar a natureza para obter ganhos sociais é cultura, mas quando essa natureza conduz a conflitos sociais, é perversão. A cultura não ignora ou nega a natureza.

(viii) Se o conflito e a inimizade forem transformados na base das relações humanas e se a história for analisada nesta base, será inútil sonhar com a paz mundial resultante de tal ação.

(ix) Uma exortação **é: "Não cedas à ira". Estas leis são conhecidas como princípios da** Ética. Estes princípios não são elaborados por ninguém. Eles são descobertos.

(x) O facto de que, "por natureza, uma pessoa é verdadeira" é uma lei que é descoberta. Em Bharat (Índia), estes princípios de ética são designados por *dharma,* as leis da vida. Todos os princípios que trazem harmonia, paz e progresso à vida da humanidade estão incluídos no *dharma.* Sobre a base sólida do *dharma*, devemos proceder à análise da vida como um todo integral.

(xi) Corpo, mente, inteligência e alma - estes quatro constituem um indivíduo. Mas estes estão integrados. Nós (indianos) não podemos pensar em cada parte separadamente.

(xii) Em Bharat (Índia), colocámos perante nós o ideal da quádrupla responsabilidade de satisfazer as necessidades do corpo, da mente, do intelecto e da alma, com vista a alcançar o progresso integrado do ser humano. *Dharma* (princípios de ética), *artha* (políticas políticas e económicas), *kama* (satisfação de vários desejos naturais) e *moksha* (estado de não apego do corpo) são os quatro tipos de *purushartha*, ou seja, os esforços que convêm a um homem.

(xiii) Nós (indianos) considerámos a vida de um indivíduo de uma forma completa e integrada. Estabelecemos o objetivo de desenvolver o corpo, a mente, o intelecto e a alma de uma forma equilibrada.

Na segunda palestra, Upadhyay afirma que a paz mundial não pode ser estabelecida se o conflito for a base das relações humanas. O modo de vida indiano, preocupado com quatro *purushartha - dharma, artha, kama, moksha* - tenta trazer harmonia à sociedade.

Aula 3, datada de 24th abril de 1965

(i) A sociedade também tem o seu corpo, a sua mente, o seu intelecto e a sua alma.

(ii) Um grupo também tem os seus sentimentos. Estes não são exatamente semelhantes aos sentimentos de um indivíduo. Os sentimentos do grupo não podem ser considerados uma mera adição aritmética dos sentimentos individuais.

(iii) Uma nação também tem uma alma. O nome técnico para ela é *Chiti.* Se existe algum padrão para determinar os méritos e deméritos de uma determinada ação, é este *Chiti;* tudo o que estiver de acordo com a nossa natureza de *Chiti* é aprovado e acrescentado à cultura e cultivado. O que for contra *Chiti* é descartado como perversão, indesejável.

(iv) As classes existem de facto na sociedade. Aqui (na Índia) também havia castas, mas nunca aceitámos o conflito entre uma casta e outra como um conceito fundamental subjacente.

(v) Os ideais da nação constituem *Chiti*, que é análogo à alma de um indivíduo. As leis que ajudam a manifestar e manter *Chiti* de uma nação são denominadas *dharma* dessa nação.

(vi) *O Dharma* é o repositório da alma da nação. Se *o dharma* for destruído, a nação perecerá. Quem abandona *o dharma* trai a nação.

(vii) A maioria nem sempre tem razão. Dos 450 milhões de pessoas (população aproximada da Índia em 1965), mesmo que 449.999.999 optem por algo que é contra *o Dharma,* isso não se torna a verdade. Por outro lado, mesmo que uma pessoa defenda algo que está de acordo com o *dharma,* isso constitui a verdade, porque a verdade reside no *dharma.*

Na terceira palestra, Upadhyay tenta provar que os sentimentos de grupo não são uma mera adição aritmética de sentimentos individuais. Uma nação também tem uma alma, chamada *Chiti,* o padrão para determinar os méritos e deméritos de uma ação. Uma nação é reconhecida por ideais. A maioria nem sempre tem razão. Por vezes, pode surgir uma situação em que uma única pessoa de toda a população de uma nação que defende os ideais é chamada de verdadeira, enquanto toda a população, exceto ela, é *anti-dharma.*

Aula 4, datada de 25th abril de 1965

(i) O sistema social deve ser eco-construtivo. Deve ser tal que o excedente da natureza seja utilizado para sustentar vidas.

(ii) Em vez da exortação habitual de que "todo o trabalhador deve ter comida", devemos pensar que "todo o que come deve ter trabalho".

(iii) Os objectivos dos nossos sistemas económicos (indianos) devem ser -

(a) A garantia de um nível mínimo de vida para todos os indivíduos e a preparação para a defesa da nação

(b) Aumento suplementar do nível de vida mínimo, através do qual o

o indivíduo e a nação adquirem os meios para contribuir para o progresso mundial com base nas suas próprias *capacidades*.

(c) Proporcionar um emprego significativo a todos os cidadãos capazes, através do qual os dois objectivos acima referidos possam ser realizados, e evitar o desperdício e a extravagância na utilização dos recursos naturais

(d) Desenvolver máquinas adaptadas às condições da Bharatiya (Índia) (tecnologia da Bharatiya), tendo em conta a disponibilidade e a natureza dos diferentes factores de produção

(e) Este sistema deve ajudar e não desrespeitar o ser humano - o indivíduo. Deve proteger os valores culturais e outros valores da vida. Trata-se de um requisito que não pode ser violado, exceto sob o risco de um grande perigo.

(f) A propriedade, estatal, privada ou de qualquer outra forma, das várias indústrias deve ser decidida numa base pragmática e prática.

Na quarta conferência, Upadhyay enuncia as orientações gerais a ter em conta no desenvolvimento da economia indiana. Segundo ele, *Swadeshi* (indígena) e *Vikendriyakaran* (descentralização) são as duas palavras que podem resumir brevemente a política económica adequada às circunstâncias actuais.

4.4. Como as preocupações nacionais são importantes na integridade humana da biosfera

A integridade humana em relação à biosfera é definitivamente uma questão global e um tema objetivo. Mas em toda a apresentação deste tema, chamado humanismo integral, as preocupações nacionais indianas dominam, como se se tratasse apenas da Índia. Por conseguinte, coloca-se a questão de saber como é que as preocupações nacionais são importantes para a integridade humana da biosfera. De facto, em janeiro de 1965, o partido político Bhartiya Jan Sangh - fundado pelo Dr. Shyama Prasad Mukerjee em 1951 - adoptou a declaração de "princípios e políticas" na qual o termo "humanismo integral" foi aceite. Escusado será dizer que a teoria foi generalizada à luz de um debate "eco-construtivo do antigo estilo de vida indiano versus ideais contraditórios de nacionalismo, democracia e socialismo que dominam o pensamento social e político ocidental". No entanto, na Índia, a proposta de Upadhyay no domínio político é reconhecida como igualitarismo compassivo e o seu conceito de consumismo eco-construtivo raramente é discutido. Por exemplo, o Presidente Ram Nath Kovind, na véspera do 71.º dia da independência da Índia[st] : 15th agosto de 2017, afirmou que "uma sociedade compassiva e igualitária que não discrimine em função do género ou da religião é o nosso objetivo e a nova Índia deve incluir essa componente humanista integral que está no nosso ADN e que definiu o nosso país e a nossa civilização (Banerjee, TNN, 2017)". Mas, como leitor do livro Humanismo integral, editado por Vasant Raj Pandit, o autor deste livro pode afirmar que Upadhyay deriva o consumismo eco-construtivo do estilo de vida tradicional indiano secular e dos quatropurushartha*: dharma artha, kama, moksha'* como objectivos de vida. Embora o atual estilo de vida indiano seja bastante diferente do antigo estilo de vida indiano, o Presidente Ram Nath Kovind talvez esteja certo ao afirmar que o igualitarismo compassivo está no ADN indiano. De facto, segundo Upadhyay, a nova Índia exige modernidade e tradições que conduzam ao eco-consumismo. O humanismo integral talvez não seja corretamente designado por igualitarismo compassivo. Upadhyay mostrou verdadeiramente o caminho do eco-consumismo, profundamente enraizado nas tradições indianas. Talvez o texto sobre o princípio do humanismo integral seja capaz de influenciar fortemente um leitor indiano e pensar: "quem mais (estrangeiro) pode ser um eco-consumidor, se ele ou ela (indiano) não pode".

4.5. Discussão: Reflexões globais e nacionais sobre o ensino integral

Humanismo

Deen Dayal Upadhyay acreditava que Bharat (Índia) não deveria ser reflexivamente imitativa no seu projeto de nação e deveria, embora acolhendo a mudança e a modernidade, basear-se também nos seus próprios sistemas de crenças (Varma, 2018). Esta afirmação do autor e deputado Pavan Kumar Varma é talvez indicativa da perceção de Upadhyay de que os indianos podem imitar a tendência global de consumismo excessivo na ausência de um modelo político-social-económico autóctone, pelo que procurou articular uma ideologia que está, antes de mais, enraizada no nosso próprio ethos civilizacional (Varma, 2018). A inferência de Varma pode estar correta. Mas fazer com que a sociedade indiana se abstenha de imitar os padrões globais de consumo excessivo e eco-destrutivo não parece possível propondo um princípio baseado em pensamentos e condutas indígenas seculares. Os impactos ambientais do consumismo excessivo são bem conhecidos em todo o mundo. E a "redução do consumo" é atualmente a primeira dimensão dos 3R: reduzir, reutilizar e reciclar, que os novos tecnocratas estabeleceram como código de conduta, independentemente dos estudos sobre o humanismo integral de Upadhyay. A ecologia, tal como a física ou a biologia, foi estabelecida como uma faculdade de ciências. Parece que as pessoas estão dispostas a fazer o que é necessário para a proteção do ambiente. Surge então a questão de saber o que significa exatamente quando Pavan Kumar Varma diz: "Não idolatrem Deen Dayal, sigam o seu humanismo (Varma, 2018)".

Talvez valha a pena sublinhar o destaque do consumismo eco-construtivo derivado do código de conduta e estilo de vida tradicional indiano. Significa que, se não for seguido o antigo modo de vida indiano, dedicado a profissões orientadas para a biodiversidade, como a silvicultura e a criação de gado, com quatro *purshartha* (objectivos de vida): dharma (princípios éticos), *artha* (políticas políticas e económicas), *kama* (satisfação de vários desejos naturais) e *moksha* (estado de não apego do corpo), não se pode esperar das pessoas um consumismo eco-construtivo. Até que o consumismo excessivo e ecodestrutivo prevaleça no mercado, não é possível desenvolver tecnologias respeitadoras do ambiente, porque a tecnologia segue o caminho das tendências prevalecentes no mercado. Por conseguinte, tanto as preocupações globais como as preocupações nacionais do humanismo integral são muito importantes do ponto de vista da proteção do ambiente e do desenvolvimento de tecnologias respeitadoras do ambiente. A integridade humana em relação à biosfera, com uma compreensão profunda dos ciclos naturais de regeneração, na Índia antiga, foi o contributo da filosofia "fourpurushartha"; talvez Upadhyay quisesse dizer isto. No contexto do teste decisivo de Upadhyay para a integridade humana em relação à biosfera - o padrão de consumo universal das criaturas (os seres humanos devem consumir o mesmo tipo, ou seja, a mesma qualidade de alimentos, água e ar que todas as criaturas) - os seres humanos, demonstrando tanta integridade, existiram no mundo juntamente com todas as espécies máximas de fauna e flora.

4.6. Conclusão

Parece que Deen Dayal Upadhyay procurou articular uma ideologia que está, antes de mais, enraizada no ethos civilizacional da própria Índia (Varma, 2018). Mas a preocupação global do humanismo integral como pensamento de integridade humana para a biosfera, encontrando-a nos antigos estilos de vida indianos, digamos quatro *purusharth*, e aplicando-a na atualização de profissionais florestais eco-construtivos, deve ser seguida em todo o mundo para proteger o ambiente do planeta Terra.

Referências

Awasthi A. Explicado: O que é o humanismo integral e porque é que a Índia precisa dele. Swarajya;

25th setembro, 2017 www.swarajyamag.com

Banerjee R. TNN. Kovind: A nova Índia deve ter um humanismo integral. Times of India; 15th agosto, 2017

Gwiazdon K. The biosphere ethics initiative: building global solidarity for the future of life. Centre for Humans and Nature, EUA. De: Minding Nature. Volume 3, Número 1; primavera de 2010 www.humansandnature.org

Iyer S. Os tigres são criaturas fantásticas. Resposta à pergunta: Os tigres comem pessoas? Quora; 25th novembro de 2016 www.quora.com

Karr JR. Engenharia dentro dos limites ecológicos. Capítulo: Integridade ecológica e saúde ecológica não são a mesma coisa © 2018 National Academy of Sciences, Washington. p-106; 1996 www.nap.edu

Pandit VR (Editor). Humanismo Integral. Instituto de Pesquisa Deen Dayal; abril, 2002

Patterson, Bruce D. The lions of Tsavo: exploring the legacy of Africa's notorious man-eaters (Os leões de Tsavo: explorando o legado dos famosos devoradores de homens de África). McGraw-Hill; 2004 ISBN 0-07-136333-5

Swarajya. A relevância do humanismo integral nos tempos modernos; 1st April, 2016 www.swarajyamag.com

Sharma RK, Parisi S. Toxins and contaminants in Indian food products. 5.3 Ética relativa à proteção da biosfera contra produtos químicos prejudiciais. Springer International Publishing AG, Suíça; 2017 ISBN 978-3-319-48047-3.

Tigres - Mundo. Tigres e humanos. World Press; 16th janeiro, 2014 www.tigers-world.com

Varma PK. Não idolatrem Deendayal, sigam o seu humanismo. The Asian Age; 8th April, 2018 www.asianage.com

Agradecimentos

O autor está muito grato ao Dr. Daya Krishna Vijay (Kota), ao Dr. Mathuresh Nandan Kulshreshtha (Jaipur), ao Sr. Kanhaiya Lal Chaturvedi (Jaipur), ao Vaidya Mahavir Prasad Sharma (Gangashahar, Bikaner), ao Professor Rakesh Mohan Joshi (Nova Deli), ao Sr. Dharma Prakash Sharma (Bikaner) e aos membros da sua família pela sua valiosa orientação. Dharma Prakash Sharma (Bikaner), o seu tio Shyam Sunder Sharma (Kota) e membros da família pela sua valiosa orientação.

Printed by Books on Demand GmbH, Norderstedt / Germany